零浪费
创意食材养生料理

甘智荣 主编

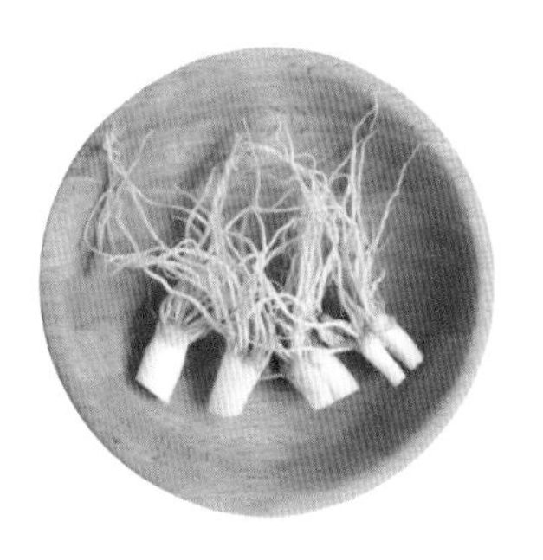

新疆人民出版总社
新疆人民卫生出版社

图书在版编目（CIP）数据

零浪费创意食材养生料理/甘智荣主编.—乌鲁木齐：新疆人民卫生出版社，2016.6
ISBN 978-7-5372-6581-2

Ⅰ.①零… Ⅱ.①甘… Ⅲ.①保健-食谱 Ⅳ.①TS972.161

中国版本图书馆CIP数据核字(2016)第113110号

零浪费创意食材养生料理

LINGLANGFEI CHUANGYI SHICAI YANGSHENG LIAOLI

出版发行 新疆人民出版總社
新疆人民卫生出版社
责任编辑 胡赛音
策划编辑 深圳市金版文化发展股份有限公司
摄影摄像 深圳市金版文化发展股份有限公司
封面设计 深圳市金版文化发展股份有限公司
地　　址 新疆乌鲁木齐市龙泉街196号
电　　话 0991-2824446
邮　　编 830004
网　　址 http://www.xjpsp.com

印　　刷 深圳市雅佳图印刷有限公司
经　　销 全国新华书店
开　　本 170毫米×230毫米　16开
印　　张 10
字　　数 160千字
版　　次 2016年7月第1版
印　　次 2016年7月第1次印刷
定　　价 29.80元

PREFACE 序言

对于料理，国人从来都是懂得品味的。早在古代，就有人既看得上“白菜青盐糙米饭，瓦壶天水菊花茶”等乡村野食，也品得了“蒌蒿满地芦芽短，正是河豚欲上时”等珍馐美味；而今现代人，更是在寻求美食的路上不遗余力。

然而，鲜少有人发现，那些我们不屑一顾的丢弃食材，也能通过料理的魔法，化作令人不住赞叹的美味：不起眼的柚子皮在小炒后，褪去了外皮的苦涩，反而留下了甘甜；刺手的菠萝皮加上水果榨成果汁后，酸酸甜甜的口味令人欲罢不能；坚硬的鲍鱼壳用来煲汤，居然也是鲜美调味的个中高手……

令人惋惜的是，我们习惯于根据流传下来的方式料理食材，常做着“买椟还珠”的买卖却不自知。事实上，许多被我们丢弃的食材，它们的营养价值比我们所经常食用的部分要高得多，往往有着神奇的食疗作用：白萝卜皮有着增强机体免疫功能的功效，西蓝花茎能够促进肠胃蠕动，胡萝卜缨能保护视力等。除此以外，不少食材的籽、核、根、须，只要经过简单的小料理，就能够变成餐桌上的天然养生方与治病药，它们所具备的营养功效，即使与名贵的中药材相比也毫不逊色。试想，如果我们在生活中能够善于发现这些丢弃食材的价值，何尝不是美事一桩？

《零浪费创意食材养生料理》一书，旨在帮助广大的读者在面对家中无法处置的丢弃食材时，无论是蔬果皮、茎、叶、根与须，还是籽、核与其他厨余食材，都能够发挥自己的巧思妙想，或热炒，或凉拌，或炖汤，或煎焗，将之变废为宝，为生活增添生趣。希望读者在阅读此书后，能够善用自己的巧手，将小小的厨余，变成双倍的美味、百倍的营养！

 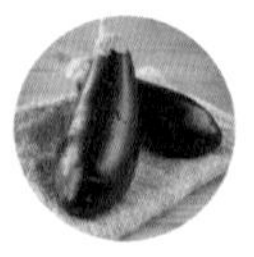 

CONTENTS 目录

Part 1
厨余料理入门知识全知道

Part 2
别丢蔬果皮，可当保健菜

Part 3
善用茎与叶，留住营养素

Part 4
巧用根与须，能变治病药

Part 5
保存籽与核，巧作养生方

Part 6
其他厨余食材的妙用

Part 1

厨余料理入门知识全知道

厨房里剩下的零零碎碎的厨余，无论是果皮、果核，还是蔬菜根、茎，似乎没有一样能勾起人的食欲，简直“食之无味，弃之可惜”。

今天，让我们一起打开厨余料理的大门，从入门知识学起，共同探索厨余料理世界，将厨余变身百般好滋味！

大部分蔬菜根茎与果皮不必丢弃

日常生活中，我们习惯吃蔬菜丢弃根部，吃水果舍弃外皮。实际上，大部分蔬菜根与水果皮具备很高的营养价值。

养生治病的蔬菜厨余部位

葱须中含有大蒜素，有抗氧化、杀菌的特性，还能治便血，并对预防肠道、呼吸道感染有疗效，而且还可治感冒、缓解肌肉痛。

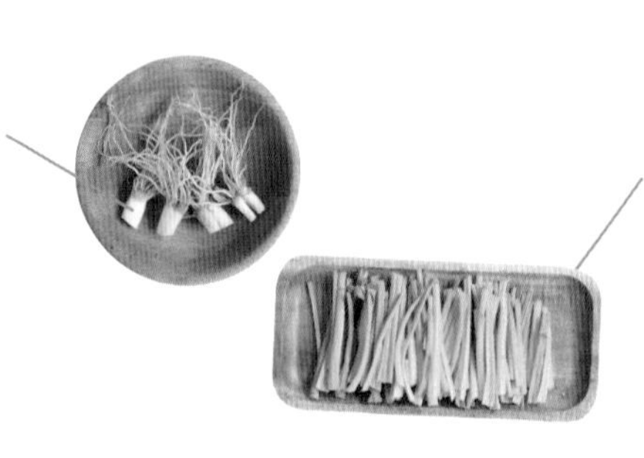

菠菜梗含有铁、维生素A、维生素C、维生素K，其中维生素K可以防止皮肤、内脏出血。菠菜梗中还富含膳食纤维，可以促进肠胃蠕动。

芹菜头营养最丰富的地方都集中在根部，芹菜头的药用价值很高，能够充当中药材。此外，含有较多的膳食纤维、维生素及磷、钙等。

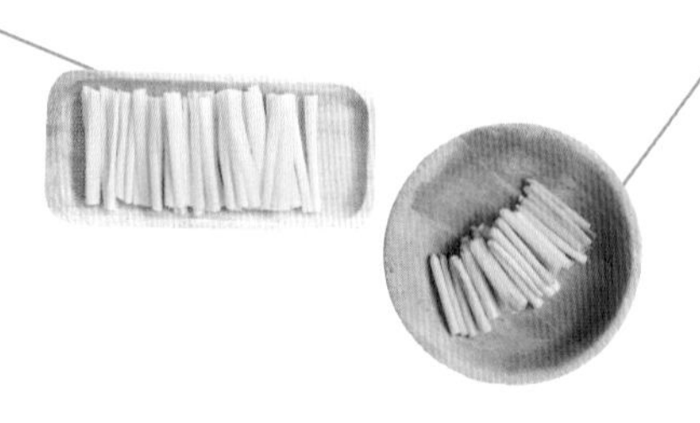

韭菜梗具有良好的消炎杀菌作用，特别是对人肠道中的各种细菌有很好的抑制作用，人们经常食用韭菜梗，会大大减少痢疾和伤寒等疾病。

中医认为，空心菜梗性平、味甘，含蛋白质、脂肪、维生素B_1、维生素B_2、维生素C等，有清热凉血、利尿解毒的作用。

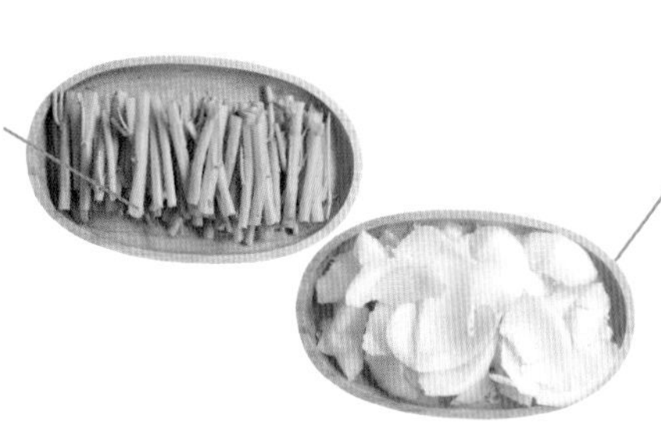

白菜头味甘性微寒，富含胡萝卜素、维生素B_1、维生素B_2、粗纤维以及蛋白质等营养成分，具有清热利水、解表散寒、养胃止渴的功效。

香菜根中含有较多维生素，尤其是胡萝卜素含量丰富，还含有矿物质，有补钙和预防缺铁性贫血等作用。

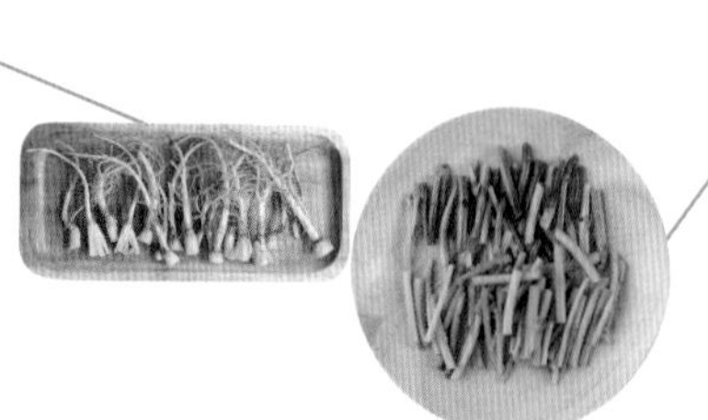

苋菜梗含蛋白质、碳水化合物、钙、铁、磷、维生素C等，具备清热解毒、收敛止血、抗菌消炎等食疗功效。

营养丰富的水果皮

研究表明，苹果皮中富含抗氧化成分和生物活性物质，如酚类物质、黄酮类物质，以及二十八烷醇等，其中二十八烷醇还具有抗疲劳和增强体力的功效。此外，苹果皮的摄入可以降低肺癌的发病率。

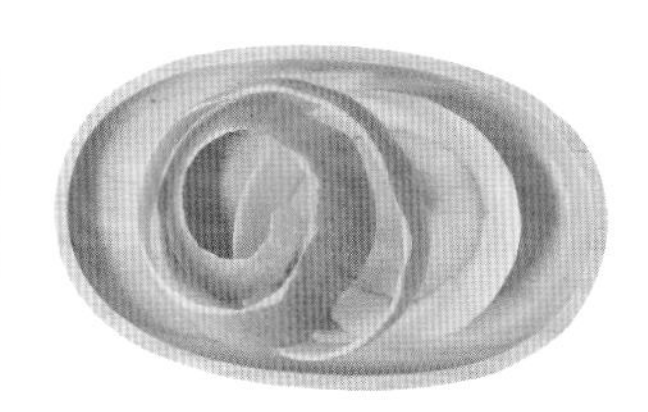

西瓜皮含丰富的糖类、矿物质、维生素，具有清热解暑、泻火除烦、降血压等作用。可以凉拌、炒肉或做汤。

柚子皮中含有的木聚糖、干扰素和瓜氨酸都具有一定的特殊作用，不仅有清凉、利血、解毒、抗过敏的作用，还能够入中药，治疗金疮、痈肿、疔疮、坐板疮。

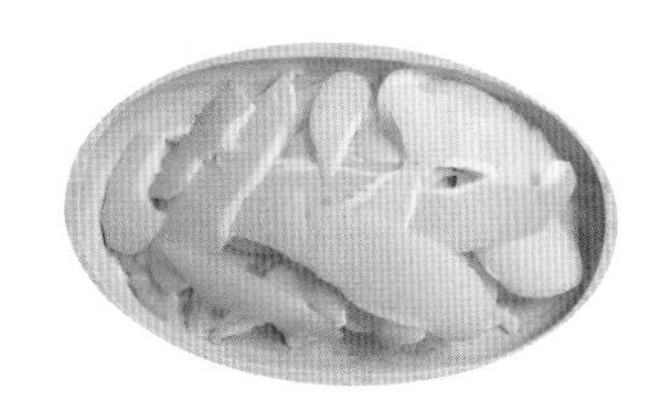

葡萄皮含有比葡萄肉和籽中更丰富的白藜芦醇，具有降血脂、抗血栓、预防动脉硬化、增强免疫力等作用。特别是紫葡萄皮中的黄酮类物质，还有降低血压的功效。

梨皮是一种药用价值较高的中药，能清心润肺、降火生津。将梨皮洗净切碎，加冰糖炖水服能治疗咳嗽。自制泡菜时放点梨皮，可以提升泡菜的营养价值。

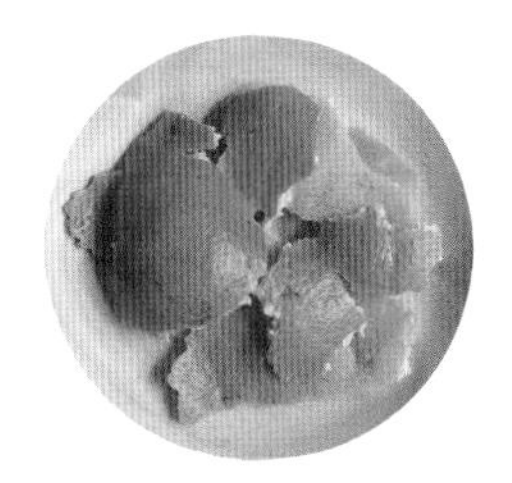

橘皮含大量维生素C、胡萝卜素、蛋白质等多种营养素，能做出许多美味。橘皮粥芳香可口，还能治疗胸腹胀满或咳嗽痰多。做肉汤时放几块橘皮，能使汤味更鲜，并减轻油腻感。

这几类厨余部位千万不能吃

虽然大部分厨余能够二次料理出创意十足的美食，但是有几类厨余有害物质远远大于其营养物质。因此，这几类厨余并不适合用来烹饪厨余料理。

樱桃

部位：果核

原因：樱桃的果核含有有毒物质，在被碾碎、咀嚼，甚至只是在轻微破损的情况下，都会生成对人体有害的氢氰酸。一旦人体吸入氢氰酸，就有可能产生轻微中毒的症状：头痛、头晕、意识错乱、呕吐等；如果食用过多，还可能导致呼吸困难、高血压、心脏跳动过快，甚至是肾衰竭等严重状况。因此，在吃樱桃的时候一定不能吮吸樱桃核。

苹果

部位：果核

原因：苹果一直是最惹人喜爱的水果之一，这得益于苹果既好吃又方便食用的特点。然而，很多人因为贪图方便，往往将苹果的果核一起吞到肚子里。这其实是对人体有害无益的。苹果的果核也含有氢氰酸，虽然含量并不高，偶尔吃一点并不会有事，但是对人体没有好处的东西，我们还是少吃为妙。

豆角

部位：头尾与荚丝

原因：四季豆等扁豆角的头尾和豆荚两侧的荚丝里，含有名为植物血球凝集素和皂素的有毒因子。这两种有毒物质进入人体后，会刺激消化道黏膜，并进入到血液中，破坏红细胞和凝血功能。若在料理的时候没有及时去除这些有毒部位，很容易导致恶心、呕吐、腹泻等不良反应。

西红柿

部位：茎、叶

原因：西红柿的茎和叶中，含有一种名叫配糖生物碱的化学物质，尤其在野西红柿中的含量更多。这种化学物质的效用很大，常常用来驱赶蚊虫。但若吃进人的体内，则会导致人体肠胃功能紊乱，还会使人精神紧张、焦虑。因此，在吃西红柿之前，一定要提前去掉西红柿的茎和叶，不宜用来当做厨余食材做料理。

土豆

部位：皮

原因：土豆含有茄碱，是一种弱碱性糖苷，属于有毒物质，这种有毒物质几乎全部集中在土豆皮里。茄碱不仅会刺激肠黏膜，还对大脑的呼吸中枢和运动中枢有麻痹作用。当人体中的茄碱含量达到一定的数值时，就有可能引起慢性中毒，主要有恶心、呕吐、腹痛等肠胃炎症状。此外，咽部和口腔黏膜还会有刺痛的灼烧感。

红薯

部位：皮

原因：虽然红薯皮含有的抗癌成分非常高，但是由于红薯生长于地底下，它的表皮会直接与土壤接触，因此表皮会累积不少的有害物质。并且，红薯还很容易感染黑斑病菌，其表皮会长有褐色或黑褐色的斑点。这些斑点含有番薯酮和番薯醇酮等物质，会损害肝脏。烹饪过程中，无论是炸、蒸、烤等任何方式，都不能将其杀灭。

柿子

部位：皮

原因：成熟的柿子皮中含有大量的一种名叫鞣酸的物质。这种物质吃起来不仅艰涩无比，而且还会在胃酸的作用下，与食物中的蛋白质发生化学作用，产生沉淀物——柿石。这种物质容易导致人体产生腹部不适、饱胀、食欲不振等症状。因此在吃柿子的时候，一定要切记去除柿子皮。

不同类别厨余的最佳烹饪方式

果皮爽脆、果籽酥脆，而菜叶清新、须根浓郁，每一种厨余都有自己的食材特色。想要用厨余料理出意想不到的美味，那就要根据它们的食材特色，选择不同的烹饪方式。

爽脆果皮类

代表食材：西瓜皮、哈密瓜皮、白萝卜皮、胡萝卜皮

食材特色：爽脆，营养丰富

最佳烹饪方式：凉拌

原因：这一类果皮有一个共同的特点，那就是爽脆、有口感。为了能够将这些果皮料理成最有其特色的菜肴，凉拌毫无疑问是一个好选择。通常，我们可以将这些果皮切成自己喜欢的大小，拌上自己调制的调料，就能够收获一道简单又美味的创意料理。同时，选择生吃能够很好地保留这些果皮本身的营养物质。

苦涩果核类

代表食材：牛油果核、橘核、桂圆核、荔枝核

食材特色：味道苦涩，口感坚硬

最佳烹饪方式：榨汁、煎水

原因：由于果核的味道通常比较苦，而且坚硬得无法直接食用，所以在料理时可以选择榨汁或者煎水。将这些果核和自己平常喜欢的水果一起榨成果汁，不仅能够告别果核的苦涩味，还能够令果汁的营养翻倍。或者，将果核打碎，用水煎服，也能获得很好的食疗效果。

酥脆果籽类

代表食材：哈密瓜籽、南瓜籽、西瓜籽

食材特色：体积小，口感佳

最佳烹饪方式：烘烤、炒、烘焙

原因：比起体积大、味道苦涩的果核，果籽的体积较小，并且味道较淡，口感比较好。因此，这一类果籽选择烘烤或者小炒来料理，可以令它们的口感更加酥脆。或者，果籽也能够添加到西式的烘焙中，在制作饼干或者面包的时候，加一些果籽到面团里，既可以让面团带上果籽的香气，又能够让果籽的口感掺杂其中。

鲜嫩菜叶类

代表食材：番薯叶、辣椒叶、芹菜叶、胡萝卜缨、西蓝花叶

食材特色：味道清新，口感鲜嫩

最佳烹饪方式：小炒，煲汤

原因：许多块茎类的蔬菜都有十分鲜嫩的菜叶，但常常因为其貌不扬所以被人舍弃，如番薯叶口感滑嫩，味道独特，而且还有提高免疫力、止血、解毒的食疗功效；胡萝卜缨属于高纤维食材，能够防止便秘。这一类食材能够充当平时的蔬菜料理，尤其适合用来小炒，无论是简单的素炒还是搭配肉类的快炒，都能够展现其独特的风味。除了做炒菜外，菜叶也能够用来煲汤。菜叶淡淡的味道，搭配上简单的食材，就能煲出一份口感丰富、营养满分的汤品。

养生根须类

代表食材：玉米须、葱须、蒜须、白菜根、芦笋根

食材特色：养生效果显著、味道浓郁

最佳烹饪方式：煲汤、煎水

原因：很多人以为，一些食材的根须长在地底下，所以不能食用。其实，很多根须虽然生长在地底下，却没有受到细菌或者病毒的污染，依旧保留了十分丰富的营养价值，只要我们在料理之前，能够将根须清洗干净，就不怕吃到不干净的东西。但由于根须的口感并不非常好，所以通常用来煲汤，如玉米须煲汤能够利尿消水肿，葱须、蒜须煲汤有十分好的杀毒效果。

坚硬骨壳类

代表食材：鱼骨、鸡骨、鲍鱼壳、虾壳

食材特色：口感坚硬、钙含量高

最佳烹饪方式：炸、煲汤

原因：在日常生活中，没有人会选择去吃骨头或者壳，因为它们不仅坚硬难咬，而且味道也不佳。然而，这些骨头和壳之中，却有着浓浓的钙质，对我们的身体极其有益。舍弃掉这些部位，犹如暴殄天物。针对这部分的厨余，其实选择煲汤或者煎炸，就能很好地做出令人满意的料理。像鱼骨，直接裹上面粉、鸡蛋液到油锅里炸，出来的成品口感十分酥脆，已然令人无法联想到骨头坚硬的形象；像虾壳、鲍鱼壳，可以与其他有营养的食材一起熬汤，熬出来的汤不仅可口，而且十分滋补。

小小厨余的厨房妙用

忙忙碌碌的厨房，经过一天又一天的料理，不仅空气中容易残存食材的味道，而且各大角落也很容易残留污垢。我们常常需要到超市购买一大堆的空气清新剂、除臭剂、洗洁剂来解决这一问题。但其实，只要利用手上的小小厨余，就能够帮你解决问题！

柠檬皮

妙用1：清洁厨房空气

在锅子里，用低温烤一小片柠檬皮，柠檬的香气就会散发到厨房的空气中，可以充当最天然的芳香剂，除去空气中刺鼻的味道。

妙用2：除去锅底污垢

炒锅用久了，锅底常常会发黑。这时，用一小片柠檬皮放在锅中用水煮，就能令锅底翻新，并且短时间内不会再被氧化。

妙用3：清洁厨房瓷砖

厨房的瓷砖上，时间久了就会出现许多令人讨厌的污渍。此时，用柠檬皮粘上少许的精盐擦拭，就能清除大理石上的污渍。

妙用4：清洁厨房用具

已经榨干汁的柠檬皮放在温水里泡发，就可以倒入有茶垢、油渍的厨房用具里，约4小时，就能除去污渍，十分简单方便！

柚子皮

妙用1：除出冰箱异味

柚子皮本身就带着一股清新的味道，而且能够吸收空气中难闻的味道。取一些柚子皮放在冰箱里，能够让冰箱中的异味很好地被柚子皮吸收掉。

妙用2：驱赶蚊虫

柚子皮厚厚的白皮部分，在切成条之后，放在太阳光下晒到完全失去水分，再用网袋装起来，就成了驱虫剂。挂在厨房的垃圾桶附近，能够很好地驱赶蚊虫。

妙用3：清理下水道异味

柚子皮切成小块，放入锅中与清水一起熬煮，大火烧开后转中火煮10分钟，就能变身为下水道除臭剂。趁着水热将水缓缓地倒入下水道中，能清除下水道异味。

土豆皮

妙用1：摇出保温瓶瓶底污垢

保温瓶的瓶底用久了会有很多污垢，即使每天清洗，也无法完全洗净。此时，可把4~5片土豆片放进保温瓶内，倒入开水，拧紧瓶盖上下摇晃即可清除污渍。

妙用2：除去洗碗槽的油污

灶台、洗碗槽的不锈钢水龙头，用久了会形成难以清除的污垢。可以用土豆皮反复地擦拭不锈钢表面的油垢、水渍，再用干布轻轻擦干净即可。

妙用3：保养厨房银器

一些厨房的银器用久了就不复原本的光亮，可以将土豆皮放在苏打水中煎煮片刻，再用土豆皮擦洗银器。这样，银器就能光亮如新。

妙用4：清除水壶的水垢

水壶用过一段时间之后，壶底和壶身会留下许多白色的污垢。用土豆皮放在水壶里烧1小时，水垢就会自行脱落，还原水壶最初的面貌。

其他厨余

妙用1：隔夜茶叶能清除异味

喝剩下的茶叶不要直接扔掉，晒干之后放进纱布袋里，既可以放进冰箱里，清除食材散发的腥味，也可以放在厨房里，消除烹饪产生的气味。

妙用2：隔夜茶叶能去油污

用隔夜茶叶清洗油腻的锅碗，可以很好地吸收锅碗上的油分。同时，洗锅碗的时候在清洁布上倒上一些茶叶渣，既方便清洗，又能够让锅碗带上清香。

妙用3：胡萝卜头充当清洗工具

厨房有油污的地方，滴上一两滴洗涤剂，再用胡萝卜头来回擦拭，就能够立即去除油污。用干布一抹，光亮无比！

妙用4：过期面包片除臭

过期的面包片用纸袋装好，打开袋口，放到冰箱的各个角落，能够很好地吸收冰箱里的杂味，有着“天然除臭剂”的美称。

Part 2

别丢蔬果皮，可当保健菜

新鲜的蔬果买回家，往往只被我们取下新鲜的果肉，舍弃掉其貌不扬的蔬果皮，殊不知这蔬果皮中蕴含着丰富的营养。

你肯定想象不到，白萝卜皮能够增强机体免疫力，冬瓜皮可以降血压，哈密瓜皮则有清热解暑的作用……快来学习将这些蔬果皮变成美味的保健菜吧！

前期食材准备

白萝卜皮

白萝卜皮富含维生素C和微量元素锌，有助于增强机体的免疫功能；其中的芥子油能够有效促进肠胃蠕动，增加食欲。

食材分量

190克（1根白萝卜）

食材刀工

用刀将白萝卜皮削下来，略带一点白萝卜肉。

爽脆白萝卜皮

时间 15分钟　热量 32千卡

●**原料**　白萝卜皮100克，蒜头、朝天椒各适量

●**调料**　生抽、陈醋、盐、白糖各适量

●**做法**

1. 白萝卜皮洗净后控水。
2. 洗好的的白萝卜皮放入碗里，用盐拌匀，腌渍10分钟。
3. 朝天椒切圈；蒜头去衣拍碎。
4. 处理好的朝天椒和蒜头放入碗里。
5. 加入适量生抽、陈醋、白糖拌匀。
6. 放入冰箱冷藏即可。

白萝卜皮豆腐汤

时间 10分钟　热量 57千卡

●**原料**　白萝卜皮90克，白豆腐、生姜、小葱各适量

●**调料**　芝麻油、盐各适量

●**做法**

1. 生姜切片；小葱切花；白豆腐切块。
2. 锅中注水，放入生姜和洗净的白萝卜皮，大火煮沸后转小火，煮至白萝卜皮变软。
3. 加入芝麻油、盐，搅拌均匀。
4. 加入白豆腐，煮至熟。
5. 出锅前撒上切好的葱花即可。

前期食材准备

胡萝卜皮

胡萝卜皮中不仅蕴含较多的胡萝卜素，还含有植物纤维、维生素A、降糖物质等有益营养素，能补肝明目、降糖降脂。

食材分量

20克（1根胡萝卜）

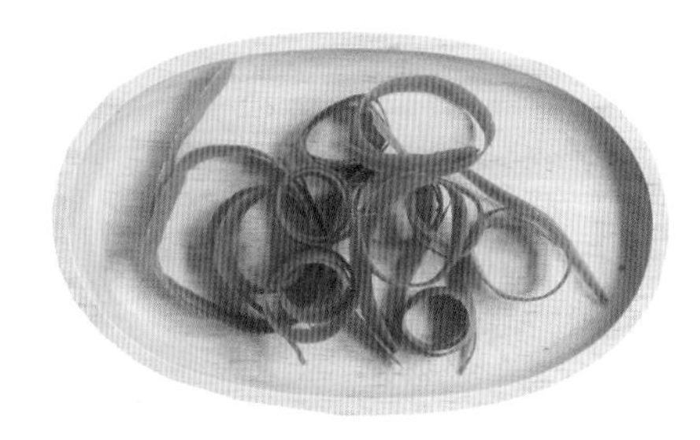

食材刀工

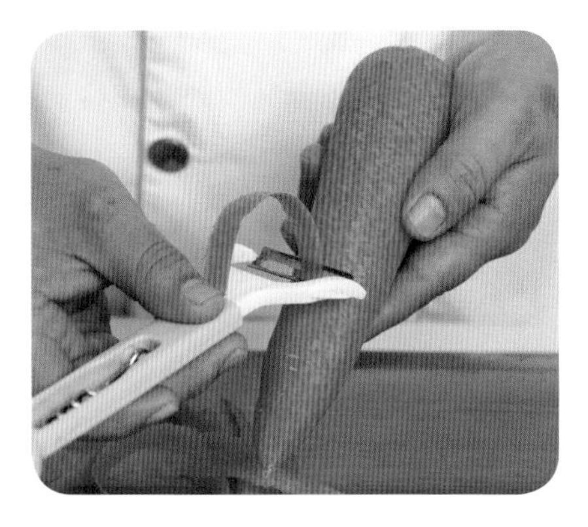

用刨皮器削下胡萝卜皮，注意尽量不要刨到胡萝卜肉。

胡萝卜皮拌碎蛋沙拉

时间 5分钟 热量 75千卡

● **原料** 胡萝卜皮20克，去壳熟鸡蛋1个，苏打饼干适量

● **调料** 沙拉酱适量

● **做法**

1 胡萝卜皮洗净切碎，待用。

2 去壳熟鸡蛋切碎。

3 取碗，倒入胡萝卜皮与鸡蛋碎。

4 挤入适量沙拉酱，搅拌均匀。

5 取一片苏打饼干，放上少许胡萝卜皮鸡蛋沙拉即可。

扫一扫看视频

温馨小贴士

沙拉酱可以按照自己的口味添加分量，不喜欢苏打饼干的，也可以选择其他饼干。

前期食材准备

蚕豆皮

蚕豆皮富含膳食纤维，以及少量的维生素B、钾、镁、铁、锌，其膳食纤维能够促进肠胃蠕动。

食材分量

20克（40颗蚕豆）

食材刀工

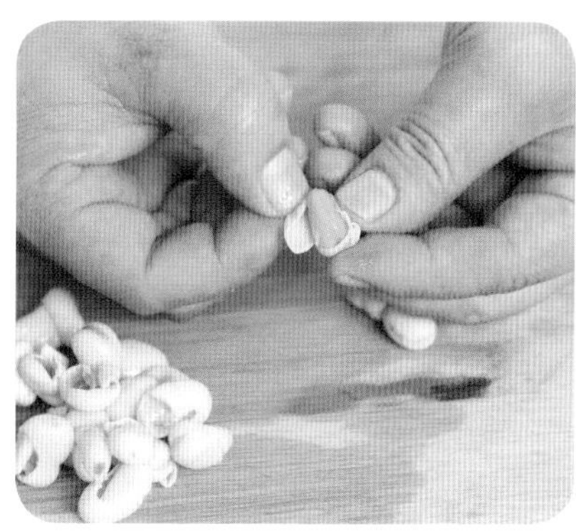

蚕豆先放入清水中汆煮至熟，再用手轻轻褪下蚕豆皮即可。

奶酪渍蚕豆皮

时间	8分钟	热量	511千卡

- **原料** 蚕豆皮、核桃仁各25克，奶酪粉少许
- **调料** 柠檬汁5毫升
- **做法**

1. 蚕豆皮剁成碎末。
2. 核桃仁放入烤箱中，用上下火170℃烤6分钟至其香脆。
3. 取出，将烤好的核桃仁碾碎。
4. 取一空碗，加入蚕豆皮、核桃碎、柠檬汁，拌匀。
5. 最后撒上少许奶酪粉即可。

前期食材准备

冬瓜皮

冬瓜皮含多种营养物质，不仅能消暑健脾，还能缓解压力。其中的膳食纤维能刺激肠道蠕动，使肠道中的致癌物质尽快排泄出去。

食材分量

90克（1圈冬瓜）

食材刀工

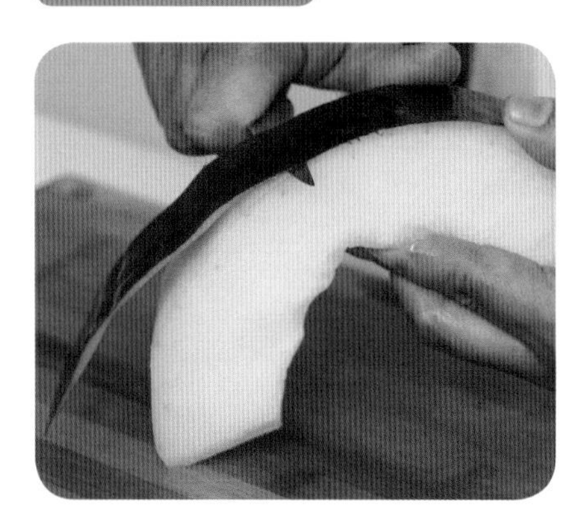

冬瓜切圈，挖去瓜瓤，对切两半，用小刀沿着冬瓜将外皮削下即可。

素炒冬瓜皮

时间 3分钟　热量 25千卡

●**原料**　冬瓜皮50克，红椒20克，花椒粒、姜各少许

●**调料**　盐、白糖、食用油各适量

●**做法**

1 冬瓜皮洗净切丝。

2 红椒洗净，去籽切丝。

3 姜去皮切丝。

4 锅中倒油，烧至两成热，下花椒粒煸香。

5 捞出花椒粒，放入姜丝煸香。

6 加大火力，下红椒、冬瓜皮爆炒2分钟。

7 最后加白糖、盐调味，炒匀即可。

绿豆冬瓜皮甜汤

时间 35分钟　热量 24千卡

●**原料**　冬瓜皮40克，绿豆40克

●**调料**　片糖适量

●**做法**

1 冬瓜皮洗净切丝。

2 绿豆浸软洗净，放入砂锅中，一次性加足清水。

3 放入冬瓜皮，盖上锅盖，用大火烧开。

4 煮大约30分钟，至绿豆开花。

5 放入片糖，煮至片糖溶化。

6 搅拌均匀后即可关火。

前期食材准备

南瓜皮

南瓜皮中含有的微量元素钴能够促进人体的新陈代谢，增强造血功能，还是人体胰岛细胞必需的微量元素。

食材分量

185克（1圈南瓜）

食材刀工

南瓜圈切4等份，用刀贴着南瓜，削下南瓜皮与一点瓜肉。

松仁南瓜皮

时间 6分钟　热量 89千卡

●原料　南瓜皮100克，松仁50克

●调料　生抽6克，味啉4克，盐2克，食用油适量

●做法

1 平底锅注油烧热。

2 放入洗净的南瓜皮，翻炒一会儿。

3 加少许清水稍煮一下，不要盖锅盖，同时翻炒，放入盐。

4 放入松仁继续翻炒。

5 放入生抽、味啉，炒入味即可。

西葫芦炒南瓜皮

时间 7分钟　热量 120千卡

●原料　西葫芦150克，南瓜皮85克，咸蛋黄3个

●调料　盐、白糖、食用油各适量

●做法

1 西葫芦洗净，切圆片。

2 炒锅倒油，烧至七成热。

3 倒入西葫芦片。

4 加少许水，翻炒片刻后捞出，备用。

5 放入咸蛋黄，炒至散开。

6 倒入洗净的南瓜皮。

7 加少许清水，焖煮3~5分钟。

8 倒入炒过的西葫芦。

9 加少许盐、白糖调味即可。

前期食材准备

茄子皮

茄子的大部分营养都存在于茄子皮之中，茄子皮不仅富含B族和C族维生素，还含有维生素P，有软化血管、降血压、清热解暑的功效。

食材分量

80克（2个茄子）

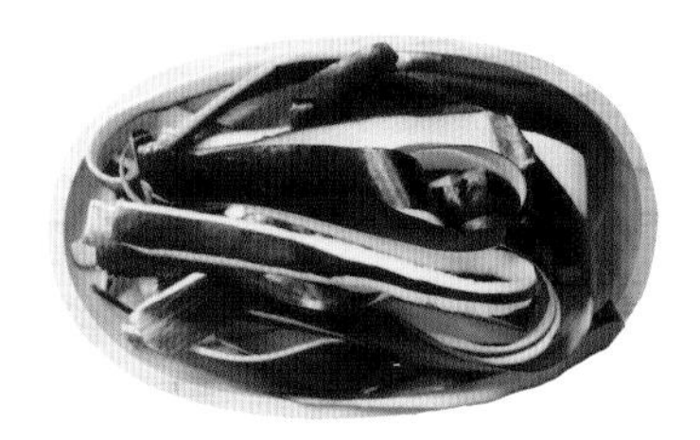

食材刀工

用刨皮器削下茄子皮，再用刀切成细丝。

茄子皮天妇罗

时间 2分钟　热量 20千卡

● 原料　茄子皮30克，天妇罗粉适量

● 调料　食用油适量，盐、胡椒粉各少许

● 做法

1. 茄子皮洗净切丝，用盐稍腌，均匀地裹上天妇罗粉。
2. 热锅注油，烧至六成热，倒入茄子皮炸约2分钟至金黄色。
3. 出锅，撒上胡椒粉即可。

爽口茄子皮

时间 3分钟　热量 38千卡

● 原料　茄子皮50克，洋葱90克，黄瓜120克，红椒、香菜、蒜末各适量

● 调料　盐2克，蚝油6克，芝麻油少许，陈醋12毫升

● 做法

1. 锅中烧水，汆煮茄子皮，捞出，过冷水。
2. 蒜末加盐、陈醋、芝麻油、蚝油搅拌均匀，制成味汁。
3. 洗净的洋葱、黄瓜、红椒分别切丝，和沥干水的茄子皮一起摆盘，浇上味汁，最后用香菜点缀即可。

前期食材准备

丝瓜皮

丝瓜皮含皂苷类物质、丝瓜苦味质、瓜氨酸、木聚糖和干扰素等物质，有清凉、利尿、活血、通经、解毒之效。

食材分量

380克（3个丝瓜）

食材刀工

丝瓜斩三截，用滚刀法切出瓜皮。

丝瓜皮炒毛豆

时间 3分钟　热量 38千卡

●**原料**　丝瓜皮180克，毛豆适量

●**调料**　食用油、盐各适量

●**做法**

1 丝瓜皮洗净，控水。

2 将洗净的丝瓜皮切成大小均匀的块状。

3 毛豆下沸水略煮，剥去豆荚。

4 热锅注油，倒入丝瓜皮、毛豆翻炒。

5 加入少许盐调味，炒匀即可。

温馨小贴士

毛豆一定要翻炒至熟，否则容易有食物中毒的风险。

尖椒丝瓜皮

时间 4分钟 热量 32千卡

● **原料** 丝瓜皮100克，尖椒60克，葱10克，蒜2瓣

● **调料** 食用油适量，盐3克

● **做法**

1. 丝瓜皮洗净，叠起来切成块。
2. 尖椒去籽切丝；蒜头去衣拍碎；葱切段。
3. 热锅注油，调小火，放入葱、蒜炒香。
4. 调大火，倒入丝瓜皮和尖椒翻炒。
5. 炒至丝瓜皮稍微开始发软，加入盐，继续翻炒均匀即可。

凉拌丝瓜皮

时间 3分钟  热量 27千卡

● **原料** 丝瓜皮100克

● **调料** 盐、蒜末、胡椒粉、芝麻油各适量

● **做法**

1. 丝瓜皮洗净，切成粗丝。
2. 锅中注水烧开，放入丝瓜皮汆煮一会儿，捞出，过冷水，沥干。
3. 沥干的丝瓜皮装碗，加入盐、蒜末、胡椒粉、芝麻油，拌匀即可。

前期食材准备

牛蒡皮

牛蒡的许多营养都在牛蒡皮里，牛蒡皮既含有具抗氧化功效的植化素，又含有能净化血液的槲皮素。

食材分量

15克（1/4根牛蒡）

食材刀工

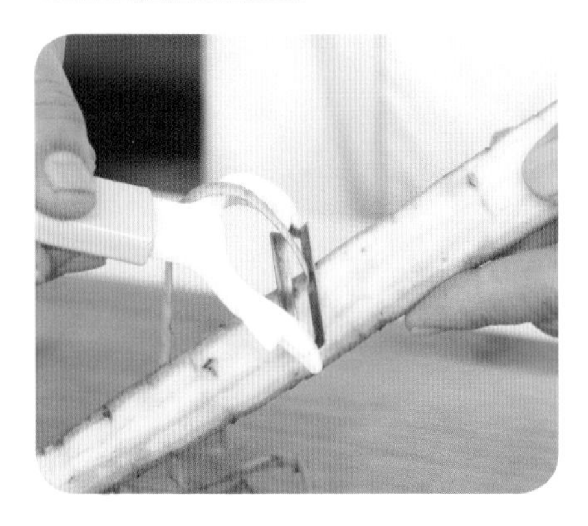

用干净的菜瓜布轻柔刷洗外层，将粗纤维刮掉，用削皮刀削皮。

牛蒡皮葱根鲈鱼汤

时间 20分钟 热量 379千卡

●**原料** 新鲜鲈鱼350克，牛蒡皮15克，葱根10克，姜丝2克，红枣5克

●**调料** 盐2克，米酒6毫升

●**做法**

1 鲈鱼洗净切块。

2 葱根带须，装入碗中泡水洗净。

3 锅中注水，大火煮沸，加入牛蒡皮与葱根，煮约5分钟。

4 放入鲈鱼块、姜丝与红枣。

5 加盐、米酒，转小火，煮约10分钟即可。

扫一扫看视频

温馨小贴士

牛蒡皮一定要认真将粗纤维刮下，否则吃起来的口感不好。

前期食材准备

山药皮

山药皮不仅富含营养，而且还有一定的药用价值，能补脾养胃、补肺益肾、预防心血管组织硬化。

食材分量

食材刀工

山药切段，在表面划一刀，用滚刀法将山药皮切出来。

奶酪烧山药皮

时间	15分钟	热量	192千卡

● **原料** 山药皮70克，奶酪20克

● **调料** 盐、胡椒粉各少许

● **做法**

1. 山药皮洗净，去除山药皮上的泥土味。
2. 将山药皮切成适口的方形片，装入可放进烤箱的盘子里。
3. 摆好的山药皮铺上一层奶酪。
4. 将装有山药皮的盘子放入烤箱中，以上下火200℃烘烤10分钟。
5. 取出，撒上少许盐、胡椒粉即可。

前期食材准备

菠萝皮

菠萝皮除了富含食物纤维和维生素C之外，菠萝皮中的菠萝蛋白酶可以分解食物，清除消化道内的死亡组织，具有护胃抗癌的功效。

食材分量

115克（1/3个菠萝）

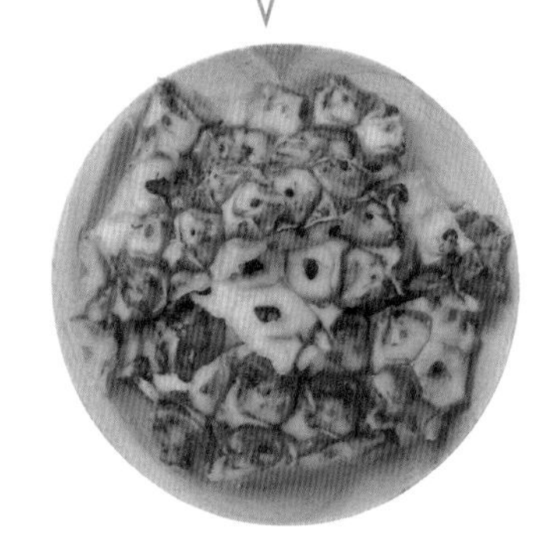

食材刀工

用刀削去菠萝皮表面带刺的部分，留下平整的果皮。

菠萝皮热情饮

时间 7分钟 热量 43千卡

● **原料** 菠萝皮115克，芒果、苹果各适量

● **做法**

1 备好的菠萝皮洗净，控水。

2 芒果去皮去核，切成均匀的小块；苹果去皮，切成均匀的小块。

3 备好榨汁机，交替倒入切好的菠萝皮、芒果、苹果。

4 使用“榨汁”功能，榨5分钟即可制成菠萝皮热情饮。

温馨小贴士

除了添加芒果和苹果之外，可以根据自己的口味添加其他的水果一起榨汁。

前期食材准备

猕猴桃皮

食材分量

80克（2个猕猴桃）

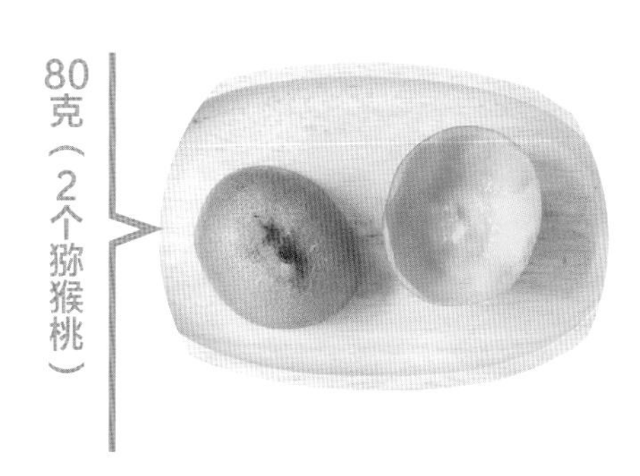

猕猴桃皮富含抗氧化剂和钙、镁、维生素C等营养物质，能够抗癌、抗炎、抗过敏。

食材刀工

猕猴桃对半切开，用勺子挖出里面的果肉。

猕猴桃皮牛奶蒸蛋

时间 10分钟 热量 30千卡

● **原料** 猕猴桃皮80克，脱脂牛奶适量，鸡蛋1个

● **做法**

1 猕猴桃皮洗净，用研磨机打碎，装碗。

2 鸡蛋打散，倒入装有猕猴桃皮的碗中。

3 加入适量的脱脂牛奶。

4 搅拌均匀，用过滤网滤掉残渣。

5 放入蒸锅中蒸8分钟即可。

温馨小贴士

有的人会对猕猴桃皮表面上的毛过敏，因此清洗的时候最好把毛都清洗干净。

前期食材准备

香瓜皮

香瓜皮富含苹果酸、葡萄糖、氨基酸、甜菜茄、维生素C等营养成分，对感染性高烧、口渴等都具有很好的疗效。

食材分量

80克（1个香瓜）

食材刀工

香瓜削去外皮，用勺子挖去内瓤。

榨菜毛豆香瓜皮

时间 38分钟 热量 52千卡

●原料 香瓜皮80克，榨菜适量，毛豆50克，红椒、葱花各少许

●调料 食用油、白糖、盐各适量

●做法

1 香瓜皮洗净，控水。
2 处理好的香瓜皮放入容器里，加少许盐腌渍半小时。
3 待香瓜皮变软后，洗去多余的盐分，挤干。
4 香瓜皮切成大小均匀的细丝。
5 水烧开，放入毛豆略煮，捞出，过冷水，剥去豆荚。
6 榨菜洗去多余的盐分，切小段。
7 红椒洗净，去籽切丁。
8 锅中注油，烧至五成热，下毛豆炒至变色。
9 加入香瓜皮、榨菜、红椒，翻炒一会儿。
10 加入白糖调味，炒匀。
11 盛盘，撒上少许葱花即可。

温馨小贴士

香瓜皮腌制过后，要认真地洗去多余的水分，否则会因为盐分的残留导致菜肴过咸。

前期食材准备

西红柿皮

西红柿的皮中含有维生素、矿物质和膳食纤维，还含有胡萝卜素，不仅能防癌抗癌，而且能预防心血管疾病的发生。

食材分量

10克（2个西红柿）

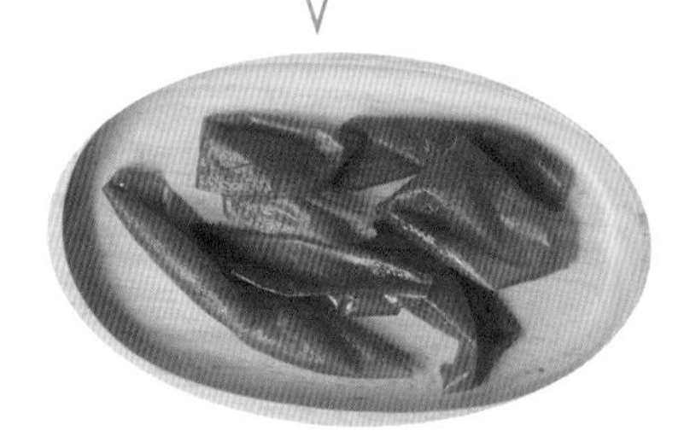

食材刀工

西红柿放水中煮40秒，捞起来过冷水，轻轻用手即可剥去西红柿皮。

西红柿皮糖浆

时间 10分钟 热量 36千卡

●原料 西红柿皮10克

●调料 蜂蜜6克，白砂糖4克，白葡萄酒20克

●做法

1. 小锅里倒入西红柿皮和白葡萄酒，大火加热，煮沸后转小火，继续加热7分钟。
2. 加入蜂蜜和白砂糖，煮至溶化。
3. 倒入干净的杯子中，稍微放凉后即可饮用。

温馨小贴士

家里没有白葡萄酒的，也可以尝试着用红葡萄酒代替。

前期食材准备

梨皮

梨皮具有清心、润肺、降火、生津、滋肾、补阴功效，尤其适合在夏天的时候食用。

食材分量

35克（1个梨子）

食材刀工

梨皮用刀削成一条一条，然后放入盐水里防止氧化变黑。

清热去燥梨皮汤

时间	8分钟	热量	17千卡

原料 梨皮35克

做法

1 梨皮洗净控水。
2 砂锅中注入适量清水，放入梨皮。
3 煮开后盖上盖子煮5分钟。
4 把煮好的梨皮汤连皮倒入杯中即可。

温馨小贴士

如果不拒绝梨皮的味道与口感的话，最后梨皮不用滤出也可以。

前期食材准备

橘子皮

橘子皮中含有大量的维生素C和香精油等营养素，用作料理时，具有治疗咳嗽、胃痛、慢性胃炎的功效。

食材分量

60克（2个橘子）

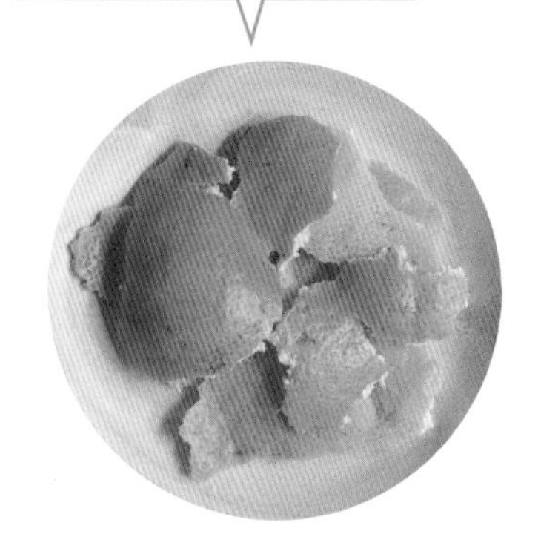

食材刀工

橘子洗净，用手剥出橘子皮。

开胃橘子皮

时间 30分钟 热量 23千卡

●原料 橘子皮30克，豆豉、红泡椒、小米椒各适量

●调料 盐、白糖、芝麻油各适量

●做法

1 橘子皮用烧开的水泡到水冷却，重复几次，去除苦味。

2 将红泡椒、小米椒洗净，擦干水分。

3 洗净的食材切碎，倒入大碗里，加入豆豉，盐、白糖、芝麻油搅拌均匀，静置待用。

4 泡过水的橘子皮挤去多余水分，切成粗条，倒入装有调料的大碗里搅拌均匀，再放入备好的玻璃罐里，密封冷藏即可。

橘子皮炒瘦肉

时间 30分钟 热量 88千卡

●原料 橘子皮30克，瘦肉40克，姜末、蒜末、青椒、豆豉各适量

●调料 生抽、盐、食用油各适量

●做法

1 积攒下来的橘子皮用烧开的水泡到水冷却，重复几次去苦味，再切块。

2 瘦肉切丁，用生抽腌渍片刻。

3 锅烧红，倒入橘子皮干烧至水分完全干透，盛出；另起锅注油，放入豆豉、蒜末、姜末、青椒爆香。

4 倒入瘦肉丁、橘子皮翻炒，加盐调味即可。

前期食材准备

柚子皮

中医认为，柚子皮味辛、苦，性温，有止咳化痰、理气止痛的功效，还能用来缓解咳喘、气郁胸闷、食滞、腹痛等症状。

食材分量

120克（1个柚子）

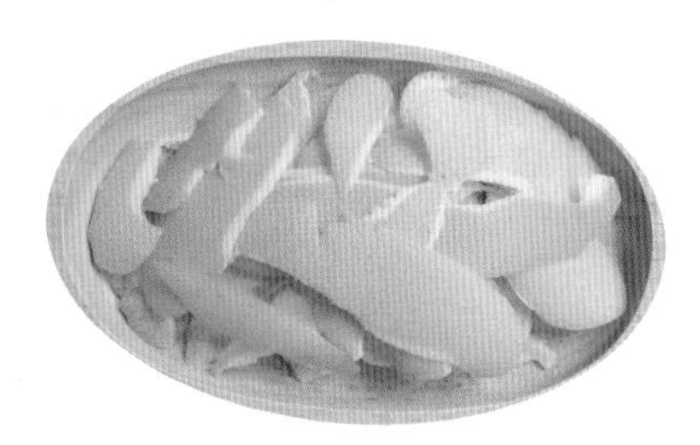

食材刀工

用削皮器削出柚子皮，再用盐水浸泡3小时左右。

炒柚子皮

时间 15分钟 热量 35千卡

●**原料** 柚子皮70克，生姜、蒜末、葱花各适量，红椒丝、青椒丝各少许

●**调料** 盐、生抽、食用油各适量

●**做法**

1 浸泡过盐水的柚子皮切条。

2 锅里烧油，倒入姜、蒜和青、红椒，炒香。

3 放入盐、生抽，倒入一小碗冷水。

4 水开后倒入处理好的柚子皮，翻拌。

5 让柚子皮全部都吸收了水分后，即可出锅，最后撒上葱花点缀。

蜂蜜柚子皮

时间 45分钟 热量 183千卡

●**原料** 柚子皮50克，青柠檬1个

●**调料** 冰糖、蜂蜜各适量

●**做法**

1 青柠檬洗净切片。

2 泡好的柚子皮切丝，倒入锅中，加入少许清水和适量冰糖，用慢火熬煮。

3 煮至柚子皮呈现透亮的状态，加入柠檬片。

4 慢火熬煮至水八分收干。

5 待柚子皮冷却至常温，倒入玻璃瓶中。

6 倒入适量蜂蜜拌匀即可。

西瓜皮

西瓜皮味甘、淡，性凉，归心、胃、膀胱经，不仅清热解毒、消暑利尿，还有治疗小便短少、口舌生疮的功效。

食材分量

380克（1个西瓜）

食材刀工

西瓜皮切去外面绿色的皮，留下内部白色的果皮。

冰镇西瓜皮

时间 50分钟 热量 37千卡

●**原料** 西瓜皮100克

●**调料** 柠檬汁10毫升，苹果醋5毫升，白糖20克，盐、芝麻油各适量

●**做法**

1 处理好的西瓜皮切条。

2 加少许盐腌制片刻。

3 腌制到瓜皮出水，倒出水分。

4 加入柠檬汁、苹果醋、白糖。

5 抓拌均匀，放入冰箱冷藏30~50分钟。

6 吃的时候淋入一点芝麻油即可。

温馨小贴士

夏天的时候，可以将西瓜皮冰镇得更久一点，口感会非常冰爽。

糖醋西瓜皮

时间 30分钟　热量 68千卡

●原料　西瓜皮80克，白芝麻少许

●调料　白糖12克，盐6克，芝麻油少许，白醋适量

●做法

1 西瓜皮切丝。

2 加盐、白糖拌匀，腌制至西瓜皮变软。

3 加入白醋、芝麻油拌匀，撒上白芝麻即可。

清炒西瓜皮

时间 20分钟　热量 56千卡

●原料　西瓜皮200克，红辣椒2个

●调料　盐、食用油各适量

●做法

1 西瓜皮、红辣椒分别洗净，切成菱形块。

2 锅中注水烧开，放入西瓜皮汆煮至变软，捞出，沥干水分。

3 起油锅，倒入西瓜皮、红辣椒翻炒片刻。

4 加盐，翻炒均匀即可。

香蕉皮

香蕉皮中含有蕉皮素，可治疗由真菌和细菌感染引起的皮肤瘙痒症。香蕉皮还有止烦渴、润肺肠、通血脉、填精髓等功效。

食材分量

30克（1根香蕉）

食材刀工

香蕉皮剥下，切成细小碎状。

香蕉皮降压汤

时间 35分钟 热量 32千卡

●原料 香蕉皮30克

●调料 红糖适量

●做法

1. 将香蕉皮洗干净。
2. 洗净的香蕉皮切碎。
3. 切好的香蕉皮倒入砂锅中。
4. 加适量清水，熬煮30分钟。
5. 加入适量红糖，熬煮至红糖溶化。
6. 用洁净纱布过滤取汁即可。

温馨小贴士

用来做汤的香蕉皮最好熟度适中，不要选择带有黑斑或者绿色的香蕉皮。

前期食材准备

葡萄皮

葡萄皮中含有的花青素比果肉还多，具有保护微小血管、抗发炎的作用，还有极强的抗癌能力。

食材分量

40克（1小串葡萄）

食材刀工

从葡萄有开口的地方剥下葡萄皮。

葡萄皮花生酥

时间 35分钟 热量 273千卡

● **原料** 葡萄皮40克，低筋面粉、花生米各适量

● **调料** 白糖、食用油各适量

● **做法**

1. 花生米放入烤箱，以180℃烤10分钟。
2. 烤好的花生米去皮之后，用刀拍碎备用。
3. 将葡萄皮用果汁机榨出汁，装碗。
4. 碗中放入低筋面粉、白糖，加入花生碎。
5. 再放入食用油，拌成稍硬一点的面团。
6. 面团稍醒片刻，做成一个个小圆球，按扁。
7. 放入预热好的烤箱，以上下火180℃，烤20分钟即可。

前期食材准备

火龙果皮

火龙果的果皮所含的花青素是一种强力抗氧化剂，具有抗氧化、抗自由基、抗衰老的作用。

食材分量

70克（1个火龙果）

食材刀工

火龙果皮去除外表的老皮和老枝，留下粉红色的嫩皮。

火龙果皮果冻

时间 190分钟 热量 71千卡

●原料 火龙果皮40克，果冻粉30克

●调料 白砂糖100克

●做法

1 处理好的火龙果皮切成小块。

2 切好的火龙果皮放入搅拌机中，加入250毫升水，打成汁，再用滤网过滤。

3 果冻粉用凉开水浸泡。

4 火龙果皮汁放入锅中煮开，加入白砂糖，待糖熔化后，关火，加入果冻粉水，慢慢搅拌均匀。

5 用滤网再过滤一两次，用勺子撇去上面的泡沫，倒入洗净的器皿中，冷藏3小时即可。

桂花蜜火龙果皮

时间 3分钟 热量 32千卡

●原料 火龙果皮30克，梨肉20克

●调料 桂花蜜适量

●做法

1 火龙果皮切成丝。

2 备好的梨肉切丝。

3 将切好的火龙果皮摆好盘。

4 再铺上梨丝。

5 淋上适量桂花蜜即可。

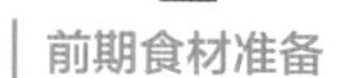

前期食材准备

苹果皮

苹果皮富含膳食纤维、维生素，不仅能够保护肺脏，还能保护记忆力。研究表明，苹果皮还具有良好的防癌抗癌作用。

食材分量

30克（1个苹果）

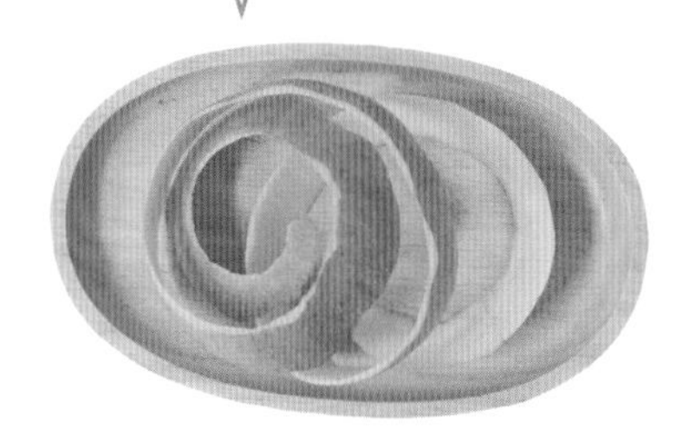

食材刀工

用刀将苹果皮削下即可。

苹果皮小米粥

时间 160分钟 热量 27千卡

●**原料** 苹果皮30克，小米50克

●**做法**

1 小米洗净后，用水浸泡2小时。

2 砂锅里加满水，水开后将小米倒入。

3 大火煮一会儿，掠去表面的浮沫。

4 煮半小时，待米汤呈现黏稠状态，改成中小火焖煮。

5 苹果皮洗净，控水待用。

6 将苹果皮放入砂锅里，续煮5分钟，关火。

7 将熬煮好的苹果皮小米粥装碗即可。

温馨小贴士

苹果皮小米粥里除了小米，还可以添加一些小麦等粗粮，营养会更加丰富。

前期食材准备

山竹皮

山竹皮中含有大量的单宁酸，不仅能够治疗粉刺和修复受损的皮肤，而且还有清热解毒的作用。

食材分量

57克（1个山竹）

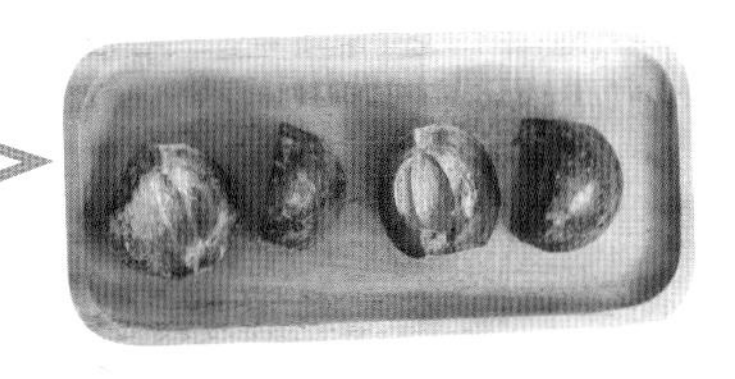

食材刀工

山竹切开，取下山竹皮即可。

山竹皮蜂蜜饮

时间 7分钟　热量 32千卡

●原料　山竹皮57克

●调料　蜂蜜适量

●做法

1 山竹皮清洗干净。

2 锅中注适量清水，放入山竹皮。

3 开火煮至山竹皮的有效成分析出。

4 煮好的山竹皮水倒入杯子里。

5 按个人口味调入适量蜂蜜即可。

温馨小贴士

山竹皮在烹饪之前，一定要认真清洗掉山竹内部的黏液。

前期食材准备

哈密瓜皮

哈密瓜是夏季的解暑圣品，而哈密瓜皮也有此功效。哈密瓜皮清凉消暑，能够除烦热、生津止渴。

食材分量

300克（半个哈密瓜）

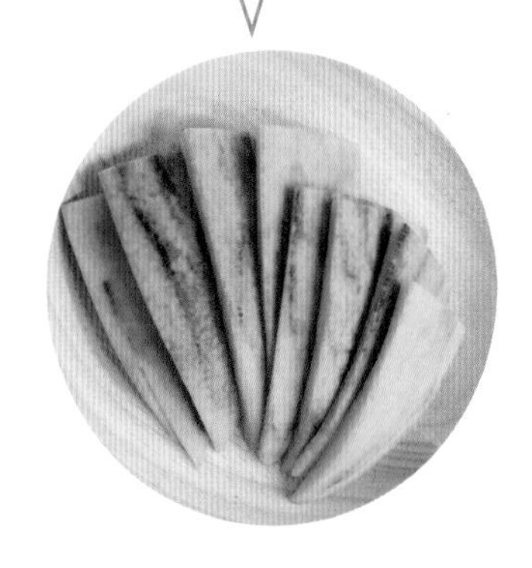

食材刀工

哈密瓜切瓣，贴着果皮，将瓜皮均匀地削下。

辣炒哈密瓜皮

时间 5分钟 热量 297千卡

● **原料** 哈密瓜皮150克，猪肉100克，红椒适量

● **调料** 盐少许，食用油适量

● **做法**

1. 哈密瓜皮去除绿色表皮，切成菱形块。
2. 红椒切菱形片；猪肉切丁。
3. 热锅注油，倒入猪肉炒至断生。
4. 倒入红椒炒约1分钟。
5. 倒入哈密瓜皮炒至变软。
6. 加入盐，翻炒均匀即可。

凉拌哈密瓜皮

时间 20分钟 热量 54千卡

● **原料** 哈密瓜皮150克，胡萝卜适量，水发黑木耳少许

● **调料** 盐适量，芝麻油少许

● **做法**

1. 哈密瓜皮洗净，切去绿色的表皮。
2. 胡萝卜切片待用。
3. 将哈密瓜皮放到碗里，加盐腌渍15分钟。
4. 用水冲洗掉哈密瓜皮上的盐分。
5. 将处理好的哈密瓜皮切成粗条。
6. 取碗，倒入哈密瓜皮、胡萝卜和黑木耳。
7. 倒入少许芝麻油，搅拌均匀即可。

前期食材准备

柳橙皮

柳橙皮有化痰降逆、消食和胃的功效，还能用来缓解咳嗽痰多、饮食不消、恶心呕吐等症状。

食材分量

40克（1个柳橙）

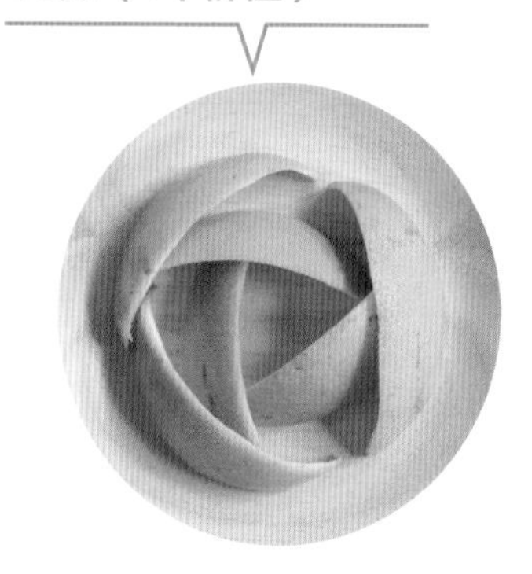

食材刀工

将柳橙切成几瓣，用刀分离出橙皮即可。

柳橙皮香芹炒熏干

时间 8分钟　热量 98千卡

● **原料** 柳橙皮40克，香芹10克，熏干60克，黑木耳20克，红椒15克，姜末、蒜末各适量

● **调料** 盐2克，水淀粉10克，白糖2克，食用油5毫升，胡椒粉1克

● **做法**

1. 柳橙皮洗净，稍微用刀削去内部的白膜，再切成丝。
2. 香芹洗净切段；熏干洗净切段。
3. 洗净的红椒、黑木耳切丝。
4. 锅中注适量开水，放入切好的食材汆煮一会儿至断生，捞出，沥干待用。
5. 热锅注油，用姜末、蒜末爆香。
6. 倒入汆好水的食材，翻炒均匀至食材熟透。
7. 加入盐、胡椒粉、白糖调味，用水淀粉勾芡即可。

温馨小贴士

黑木耳用温水泡发的话，能够大大缩短泡发的时间。

前期食材准备

柠檬皮

柠檬皮含苹果酸、柠檬酸、乙酸酯、芳樟醇等成分，不仅对动脉硬化和癌组织有软化作用，还有增强心肌和血管壁弹性、韧性的作用。

食材分量

150克（3个柠檬）

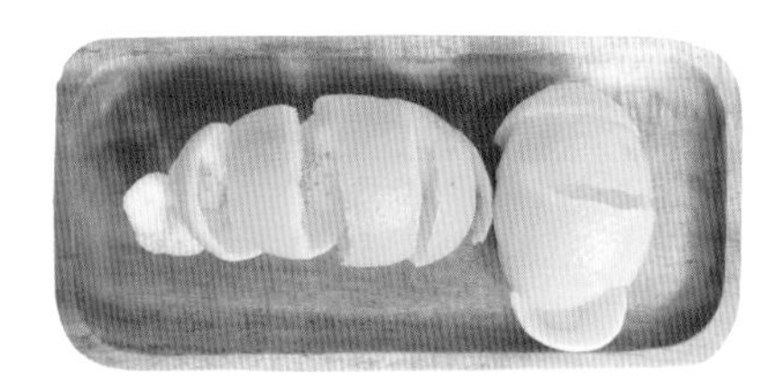

食材刀工

柠檬洗净，用削皮器削下皮。

柠檬皮糖

时间 15分钟　热量 980千卡

● 原料　柠檬皮150克

● 调料　冰糖150克

● 做法

1 柠檬皮放在清水下洗净，切成丝。

2 将切好丝的柠檬皮放入白开水中，泡发24~48小时，每6小时换1次水，捞出，沥干，备用。

3 锅中放入150毫升清水和150克冰糖，用大火烧开。

4 烧至糖冒泡后转小火，一边熬煮一边搅拌。

5 糖变稠后，加入沥干水的柠檬皮。

6 不断地翻炒柠檬皮，直至将柠檬皮出的水全部翻炒干。

7 翻炒至糖浆再一次变浓稠时，转小火不断翻炒，至锅边出现一层白色糖霜。

8 待柠檬皮翻炒至八九分干时，即可出锅。

9 将做好的柠檬皮糖放凉后，密封保存，想吃的时候拿出来吃即可。

温馨小贴士

做好的柠檬皮糖要放在阴凉处密封保存，否则容易变质。

前期食材准备

花生衣

花生衣营养丰富，一是能够补气止血，起调理脾胃、养血的作用；二是能改善血小板的质量，对治疗贫血有显著疗效；三是能够预防心血管疾病。

食材分量

6克（50克花生）

食材刀工

花生放入沸水中烫半分钟，捞出，晾凉后用手轻轻剥出花生衣即可。

红枣花生衣汤

时间 20分钟　热量 95千卡

●原料　红枣50克，花生衣6克

●调料　红糖适量

●做法

1. 红枣洗净，用温水浸泡，去核。
2. 将红枣和花生衣放在锅内，加入煮过花生米的水，再加适量的清水。
3. 用旺火煮沸后，改为小火焖煮15分钟。
4. 捞出花生衣，加红糖煮至溶化即可。

温馨小贴士

红枣立在大小合适的小洞里，用筷子一戳就能够快速去掉红枣核。

前期食材准备

洋葱衣

洋葱衣富含硫磺化合物、酚类化合物等成分，可以降低人体患心血管疾病的概率。

食材分量

食材刀工

洋葱切去须根，剥下洋葱皮。

洋葱衣清汤

时间	15分钟	热量	20千卡

● **原料** 洋葱衣5克，干海带10克，虾米5克

● **做法**

1. 洋葱衣放入烤箱烘干。
2. 干海带洗去盐分，切段后控水；虾米洗净。
3. 烘干的洋葱衣放入研磨器中捣碎。
4. 锅中注适量清水，倒入研磨好的洋葱衣、干海带、虾米，熬煮至析出有效成分即可。

温馨小贴士

最外层皱巴巴的洋葱衣可以舍弃不用。

前期食材准备

大蒜衣

大蒜衣中含有6种不同的抗氧化剂，其中的苯丙素抗氧化剂不仅能够抗衰老，还能够保护心脏。

食材分量

2克（1个大蒜）

食材刀工

大蒜切下蒜根，从开口处剥开蒜瓣，最外层的蒜衣舍弃不用。

蒜衣止咳蜜饮

时间	5分钟	热量	15千卡

●**原料** 大蒜衣1克

●**调料** 冰糖适量

●**做法**

1. 大蒜衣放入研磨器中，打细、磨碎。
2. 磨碎过的大蒜衣过滤残渣，装入杯中。
3. 加入冰糖，用温水冲服即可。

陈皮蒜衣煎汤

时间	12分钟	热量	10千卡

●**原料** 大蒜衣1克，陈皮1片

●**做法**

1. 砂锅中注入适量清水烧开。
2. 放入陈皮，加盖煮5分钟。
3. 揭盖，捞出陈皮，放入大蒜衣，拌匀，续煮5分钟至析出有效成分。

Part 3

善用茎与叶，留住营养素

我们吃蔬菜的时候，往往习惯留下一部分，丢掉一部分，西蓝花吃的是花球，芹菜吃的是茎，萝卜吃的是肉质根……其他部分为什么要扔掉？也许是由于不够好看，也许是因为口感稍差，也许仅仅是习以为常。

你可知道，被丢掉的那些蔬菜部位极有营养？西蓝花茎富含膳食纤维，芹菜叶的营养比茎要高出很多倍，萝卜缨在补钙方面有明显的优势……如果想更好地吸收蔬菜中的营养，就要把平常被我们忽视的部位巧妙利用起来，做出一道道创意美馔。

前期食材准备

花菜茎

花菜茎中有一种名为萝卜硫素的物质，是一种高效的化学功能物质，对食道癌、乳腺癌、肺癌、结肠癌等有很好的防治效果。

食材分量

145克（3棵花菜）

食材刀工

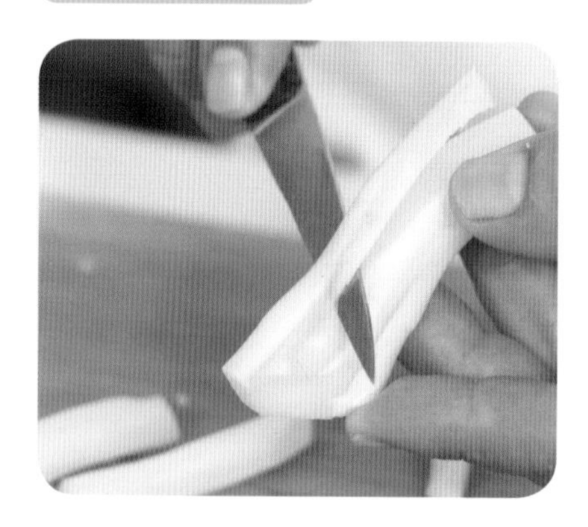

花菜切下花茎，将花菜茎外层较硬的老皮削下。

凉拌花菜茎

时间 3分钟 热量 16千卡

● 原料 花菜茎60克，红椒、葱花各少许

● 调料 生抽、辣椒油、白醋各适量

● 做法

1. 花菜茎洗净切丝；红椒去籽切丝。
2. 锅中注入适量开水，放入花菜茎汆煮至熟软，捞出，过冷水，沥干水分，装碗。
3. 碗中加入红椒，倒入生抽、白醋、辣椒油，拌匀。
4. 将拌匀的菜肴装盘，撒上葱花点缀即可。

花菜茎炒口蘑肉片

时间 4分钟 热量 98千卡

● 原料 花菜茎85克，猪肉片50克，胡萝卜、口蘑各适量

● 调料 食用油、料酒、水淀粉各适量，盐少许

● 做法

1. 口蘑洗净切片；胡萝卜去皮，洗净切片；肉片用料酒和盐腌制；花菜茎削皮切片。
2. 炒锅放油烧热，放入肉片炒至变色，下胡萝卜翻炒。
3. 放入花菜茎片、口蘑片一起翻炒。
4. 加盐调味，用水淀粉勾芡，翻炒均匀即可。

前期食材准备

西蓝花茎

西蓝花茎具有高营养价值，富含膳食纤维，能够促进肠胃蠕动，有利于肠道健康。

食材分量

120克（2棵西蓝花）

食材刀工

西蓝花切下花茎，将花茎外层较硬的老皮削下。

西蓝花茎培根卷

时间 4分钟 热量 167千卡

●原料 西蓝花茎40克，培根适量

●调料 盐、胡椒粉各少许，食用油、料酒、酱油、味啉各适量

●做法

1 西蓝花茎平均切成4份，用热水焯一下，捞出，沥干。

2 培根平铺后撒上盐、胡椒粉，卷入西蓝花茎。

3 取碗，倒入所有调料，拌匀，制成味汁。

4 平底锅倒油烧热，放入培根卷，用小火煎至两面金黄色后，淋入味汁即可。

西蓝花茎炒土豆丝

时间 3分钟 热量 89千卡

●原料 西蓝花茎80克，土豆100克，葱丝、蒜末各适量

●调料 盐、生抽、醋、食用油各适量

●做法

1 西蓝花茎去掉外皮，切成丝。

2 土豆去皮切丝，泡水。

3 炒锅加油烧热，下入葱丝炒出香味。

4 下入土豆和西蓝花茎。

5 调入生抽、盐、醋，翻炒至食材断生。

6 加入蒜末，翻炒均匀即可。

前期食材准备

韭菜梗

韭菜梗具有很好的壮阳作用，既可以入药，也能用来食用。而且，韭菜梗对女性月经不调等症状也有很好的调理作用。

食材分量

50克（1把韭菜）

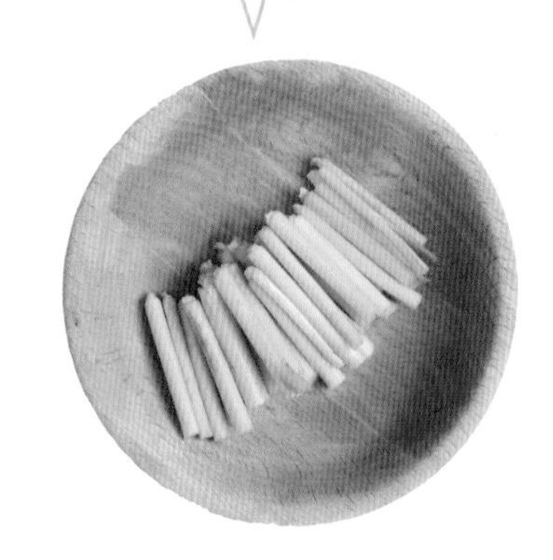

食材刀工

野韭菜切去根部的须，切下白色的梗部。

韭菜梗捣河虾

时间 7分钟　热量 197千卡

原料　河虾200克，韭菜梗50克，香菜20克，朝天椒适量，花椒粒、蒜末各少许

调料　盐少许，食用油适量

做法

1. 香菜和韭菜梗洗净切段；朝天椒切圈。
2. 花椒粒和朝天椒下油锅炒香。
3. 放入洗好的河虾，煸炒至酥脆。
4. 把煸香的花椒粒和朝天椒放入捣臼里，放入少许盐。
5. 放入蒜末、香菜和韭菜梗。
6. 放入河虾，再倒入研磨机中打碎即可。

扫一扫看视频

温馨小贴士

河虾最好选择小只的，这样子更加容易捣碎，能节省烹调时间。

前期食材准备

苋菜梗

苋菜梗含钙量高，有清热解毒、收敛止血、抗菌消炎的食疗功效。

食材分量

食材刀工

苋菜切去不常吃的根部，去掉最尾端，留下梗部。

腊肉炒苋菜梗

时间	5分钟	热量	356千卡

● 原料　腊肉100克，苋菜梗40克，葱花适量

● 调料　食用油适量，盐少许

● 做法

1. 苋菜梗洗净，切小段。
2. 腊肉洗去多余的盐分，切片。
3. 热锅注油，倒入腊肉，炒香。
4. 倒入苋菜梗，炒至八分熟。
5. 加入少许盐，翻炒片刻。
6. 最后撒上葱花即可。

前期食材准备

地瓜叶梗

地瓜叶梗不仅有提高免疫力、止血、降糖、解毒等保健功效，还可使肌肤变光滑，经常食用能够预防便秘、保护视力。

食材分量

50克（1把地瓜叶）

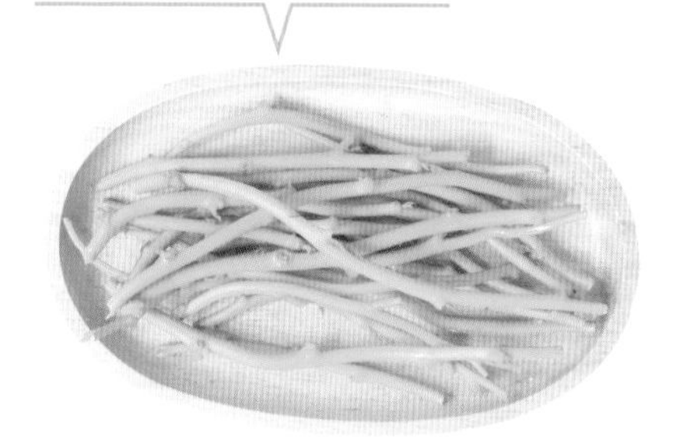

食材刀工

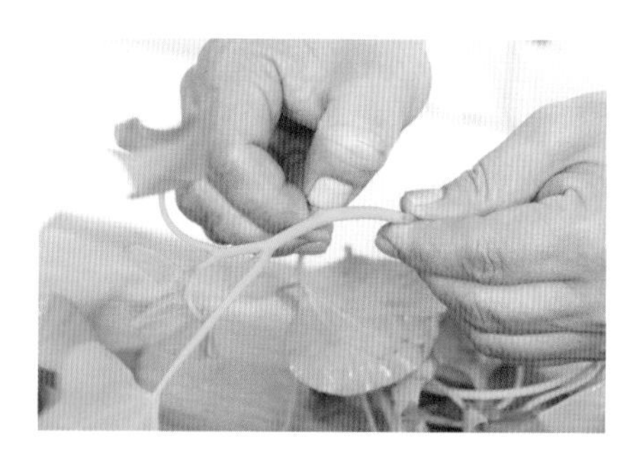

地瓜叶切下梗部，去掉最尾端。

金枪鱼拌地瓜叶梗

时间 5分钟　热量 88千卡

● 原料　地瓜叶梗50克，金枪鱼肉适量

● 调料　芝麻油适量，白醋、盐各少许

● 做法

1. 地瓜叶梗择去老杆，洗净。
2. 锅中注入适量清水烧开，放入地瓜叶梗汆煮一会儿，煮至断生，捞出。
3. 沥干的地瓜叶梗切碎装盘。
4. 准备好的金枪鱼罐头打开包装，用勺子取出金枪鱼肉。
5. 地瓜叶梗加入盐、芝麻油、白醋，搅拌均匀，使其入味。
6. 加入切好的金枪鱼肉，拌匀即可。

温馨小贴士

地瓜叶梗除了用来做沙拉之外，亦可以用来清炒或者做荤肉小炒。

前期食材准备

空心菜梗

空心菜梗性平、味甘，含蛋白质、脂肪、维生素B_1和B_2、维生素C等，有清热凉血、利尿解毒的功效。

食材分量

100克（1把空心菜）

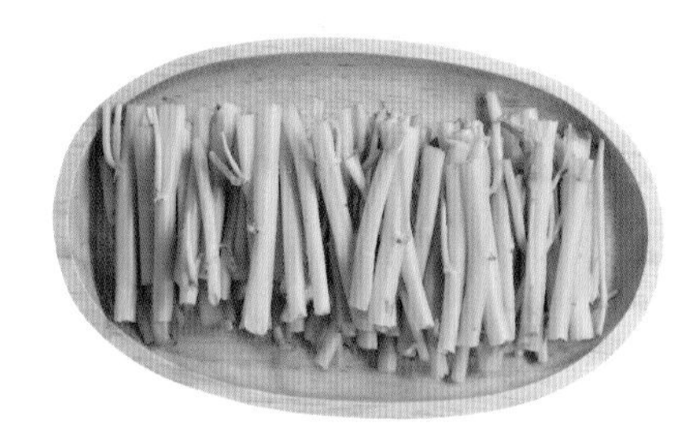

食材刀工

空心菜去掉较老的尾部，切下梗。

酸辣空心菜梗

时间 4分钟 热量 27千卡

● 原料 空心菜梗40克，西红柿1个，红椒适量，蒜头少许

● 调料 盐、食用油、醋各适量

● 做法

1. 空心菜梗洗净，切成小段。
2. 西红柿、红椒洗净，均切成丁。
3. 蒜头去衣，拍成碎末。
4. 锅中注油烧热，下蒜末爆香。
5. 倒入空心菜梗、西红柿、红椒，翻炒均匀。
6. 加入盐、醋，翻炒至熟即可。

温馨小贴士

烹饪的时候可以加入一些花椒，会令成品有麻麻的口感。

凉拌空心菜梗

时间 16分钟 热量 21千卡

● 原料 空心菜梗30克，红椒圈适量

● 调料 辣椒油、盐、生抽、醋各适量

● 做法

1 空心菜梗切成小段，装碗。
2 加入适量的盐，腌渍15分钟至入味。
3 放入辣椒油、醋、生抽，搅拌均匀。
4 撒上红椒圈即可。

豆豉空心菜梗炒肉丁

时间 6分钟 热量 78千卡

● 原料 空心菜梗30克，豆豉、朝天椒、蒜末各适量，猪肉50克

● 调料 食用油、盐各适量

● 做法

1 空心菜梗洗净，切成小段。
2 洗好的猪肉切丁；朝天椒切圈。
3 热锅注油，下蒜末、朝天椒圈爆香。
4 倒入猪肉丁翻炒至八分熟，下空心菜梗翻炒。
5 撒入豆豉，翻炒至空心菜梗断生。
6 加盐调味，炒匀即可。

前期食材准备

菠菜梗

菠菜梗含有丰富的铁，菠菜的许多营养素都在菠菜梗中，而且菠菜梗质地细嫩，口感鲜美。

食材分量

70克（1把菠菜）

食材刀工

菠菜梗切掉带须的部分，留下较嫩部分。

蒜香菠菜梗米饭

时间 10分钟 热量 125千卡

● 原料 菠菜梗30克，鸡蛋1个，大蒜1瓣，米饭300克

● 调料 食用油、盐、胡椒粉各适量

● 做法

1 菠菜梗洗净，切小段；大蒜去衣拍碎。

2 鸡蛋打散，加少许盐搅打成蛋液。

3 平底锅中倒入食用油，下蒜末炒至散发出香味，放入鸡蛋和米饭翻炒。

4 炒至鸡蛋拌入米饭中，放入菠菜梗，炒至米粒散开，加入胡椒粉调味，炒匀即可。

菠菜梗大米粥

时间 35分钟 热量 95千卡

● 原料 鲜菠菜梗40克，鸡内金10克，大米适量

● 调料 盐少许

● 做法

1 菠菜梗洗净，切碎。

2 锅中注入适量清水，加入淘洗干净的大米。

3 大火煮开，倒入切碎的菠菜梗。

4 加入洗净的鸡内金，用小火熬煮半小时。

5 煮至米粒开花，加盐调味即可。

前期食材准备

茼蒿梗

茼蒿梗有补血活血、调经止痛、润肠通便的功效，可改善面色发黄、头晕眼花、心慌失眠、月经不调等症状。

食材分量

150克（茼蒿1把）

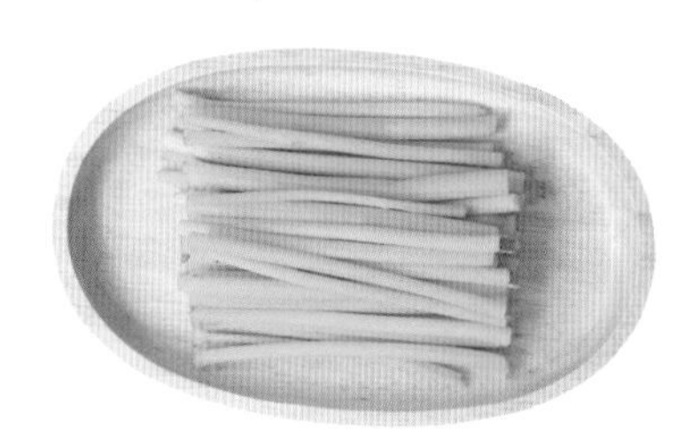

食材刀工

茼蒿梗切去带须的根部，用手撕去外层的老皮。

虾米茼蒿梗

时间 5分钟 热量 37千卡

● 原料 茼蒿梗70克，虾米适量

● 调料 食用油、盐各少许

● 做法

1. 茼蒿梗洗净切段；虾米泡发洗净。
2. 起油锅，倒入虾米爆香。
3. 放入茼蒿梗，爆炒半分钟。
4. 加盐调味，炒匀后即可盛盘。

茼蒿梗拌菜

时间 5分钟 热量 29千卡

● 原料 茼蒿梗80克，蒜末2克

● 调料 醋、芝麻油各5毫升，生抽2毫升，食用油、盐各适量

● 做法

1. 洗净的茼蒿梗切长段。
2. 锅中注水烧开，加入少许食用油、盐。
3. 茼蒿梗下开水汆煮一会儿至断生，捞出，沥干水分，装碗。
4. 碗中倒入备好的蒜末。
5. 淋入芝麻油、醋、生抽，拌匀即可。

前期食材准备

水芹梗

水芹梗含有较多的膳食纤维、维生素、钙、磷，集中了水芹的大多数营养。水芹梗还有通血活络、解毒的功效。

食材分量

30克（1把水芹）

食材刀工

买回来的水芹切下梗，再切去尾端最老的根即可。

水芹梗拌菜

时间 3分钟 热量 18千卡

●原料 水芹的梗15克，大蒜末2克

●调料 甜辣酱10克，生抽7毫升，味啉5毫升，芝麻油3毫升

●做法

1 水芹梗洗净，焯水后捞出，沥干水分。

2 水芹梗装盘，加入甜辣酱，拌匀。

3 再淋入生抽、味啉、芝麻油，拌匀。

4 最后撒上备好的蒜末即可。

黑芝麻拌水芹梗

时间 3分钟 热量 7千卡

●原料 水芹梗15克，黑芝麻5克

●调料 生抽6毫升

●做法

1 锅中注入适量清水烧开。

2 倒入洗好的水芹梗，汆煮至断生。

3 捞出汆煮好的水芹梗，沥干，装盘。

4 倒入适量生抽，用筷子搅拌均匀。

5 最后撒上适量黑芝麻即可。

前期食材准备

西蓝花叶

西蓝花的叶子富含各类营养素、叶酸、叶绿素等成分，能够给人体提供营养成分，而且容易被吸收。

食材分量

8克（1棵西蓝花）

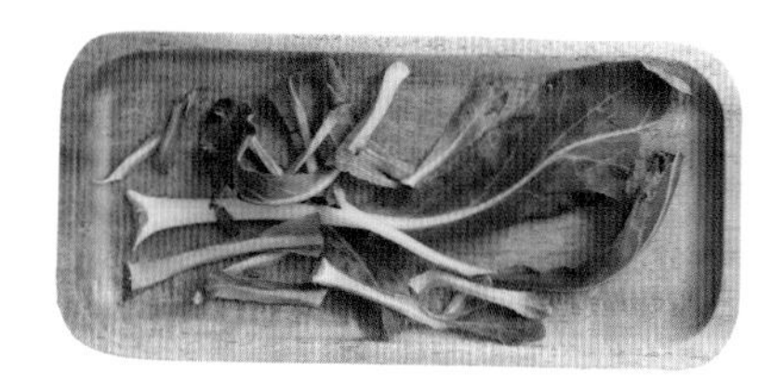

食材刀工

切下西蓝花的茎，剥下西蓝花叶。

西蓝花叶杂菌味噌汤

时间 7分钟　热量 95千卡

●原料　西蓝花叶8克，豆腐150克，平菇、香菇、蟹味菇各适量，葱花少许

●调料　味增6克

●做法

1. 洗净的西蓝花叶切成小片。
2. 豆腐切成小块。
3. 洗净的平菇、香菇、蟹味菇用刀切成均匀的片状。
4. 锅中注入适量清水烧开，放入切好的平菇、香菇、蟹味菇，煮至八分熟。
5. 加入西蓝花叶、豆腐，煮至全部食材熟透。
6. 加入味噌，搅拌至味噌全部溶解。
7. 关火，装碗后撒入葱花即可。

温馨小贴士

各种菌菇的分量可以按照自己喜好的口味进行调整。

前期食材准备

花菜叶

花菜叶与西蓝花叶一样，含有极其丰富的营养素，不仅能够为人体补充所需的维生素，而且其中的纤维素还能促进肠胃蠕动。

食材分量

80克（1个花菜）

食材刀工

用刀切下花菜头，用手剥下叶子。

花菜叶西红柿炒蛋

时间 4分钟 热量 143千卡

●原料 花菜叶30克，鸡蛋1个，西红柿1个

●调料 盐少许，食用油适量

●做法

1 西红柿、花菜叶洗净。

2 西红柿去皮切丁；花菜叶切碎。

3 锅内放油烧热，打入鸡蛋，搅散煎一会儿，直至蛋白熟透、蛋黄微生。

4 倒入西红柿和花菜叶，炒至西红柿出汁。

5 加盐调味，炒匀即可。

花菜叶蒸豆面

时间 10分钟 热量 98千卡

●原料 花菜叶50克，豆面100克

●调料 盐适量

●做法

1 花菜叶用清水洗干净。

2 锅中烧开水，倒入花菜叶，汆煮至断生，捞出沥干。

3 沥干的花菜叶剁碎，装入蒸碗。

4 碗中放入准备好的豆面。

5 加入适量的盐，搅拌均匀。

6 放入蒸锅蒸熟即可。

前期食材准备

西芹叶

西芹叶是高纤维食物，具有防癌抗癌的功效。西芹叶中含有大量的铁，能够为妇女补血；同时，西芹叶还有降压的作用。

食材分量

75克（1把西芹）

食材刀工

新鲜的西芹摘下菜叶，舍弃过老的菜叶，留下较嫩的菜叶。

西芹叶手擀面

时间 20分钟　热量 334千卡

● **原料**　西芹叶15克，小麦面粉400克，鸡蛋1个，葱花适量

● **调料**　盐少许，辣豆瓣酱适量

● **做法**

1. 西芹叶洗净切碎，倒入搅拌机。
2. 加入适量清水搅拌成汁，装碗待用。
3. 鸡蛋打入碗中，加入小麦面粉、西芹叶汁和少许盐，揉成光滑的面团。
4. 面团用保鲜膜包好，静置15分钟。
5. 把面团多揉揉，擀成大圆的薄片。
6. 切成宽度适合的面条，放进锅里煮熟。
7. 拌上辣豆瓣酱，点缀上少许葱花即可。

温馨小贴士

面团擀成薄片的时候，最好保证每一个位置的厚度一致。

凉拌西芹叶

时间 4分钟 热量 18千卡

● 原料 西芹叶30克，蒜头、葱花各适量

● 调料 盐、白醋、生抽、白糖、芝麻油各适量

● 做法

1 把西芹叶洗净切碎。
2 锅中注水烧开，放入西芹叶汆煮至熟。
3 捞出西芹叶，攥干水分，切段，装碗。
4 蒜头去衣，用刀拍碎，切成末，倒入碗中。
5 加入白醋、生抽、盐、白糖，搅拌均匀。
6 最后淋入芝麻油，拌匀后撒上葱花即可。

西芹叶蛋饼

时间 6分钟 热量 244千卡

● 原料 西芹叶30克，鸡蛋1个，面粉适量

● 调料 盐、食用油、胡椒粉各适量

● 做法

1 把西芹叶洗净切碎。
2 鸡蛋打入碗中，加盐，搅打成蛋液。
3 倒入西芹叶、面粉、胡椒粉，搅拌至糊状。
4 平底锅倒入少许油，烧热后倒入面糊。
5 煎至一面微微发黄后，继续煎另一面。
6 煎好的蛋饼出锅装盘，切成8等份即可。

前期食材准备

莴笋叶

莴笋叶营养丰富，具有清热安神、清肝利胆、养胃的功效，适宜胃病、维生素C缺乏、肥胖、高胆固醇、神经衰弱、肝胆病患者食用。

食材分量

50克（1根莴笋）

食材刀工

将莴笋叶从莴笋上摘下来。

莴笋叶花蛤汤

时间 7分钟 热量 243千卡

●原料 花蛤300克，莴笋叶25克

●调料 盐、胡椒粉、食用油各适量

●做法

1 莴笋叶洗净，切成小段。

2 锅中倒油烧热，加入花蛤翻炒一会儿。

3 加入适量清水，盖锅盖，煮至蛤口全开。

4 加入莴笋叶，煮至菜叶变软，加盐调味。

5 关火后加入胡椒粉去腥提鲜即可。

凉拌莴笋叶

时间 4分钟 热量 12千卡

●原料 莴笋叶25克，红椒丝、姜丝、蒜末各适量

●调料 芝麻油适量，盐、芥末油各少许

●做法

1 莴笋叶洗净控水，用刀切碎。

2 切碎的莴笋叶装入碗中。

3 加入蒜末、芥末油、芝麻油、盐，拌匀。

4 再撒上红椒丝、姜丝点缀即可。

前期食材准备

白萝卜缨

白萝卜缨所含的维生素A是裸色菜花的3倍，维生素C含量更是柠檬的10倍以上。白萝卜缨中含有惊人的营养价值，对人体有极大益处。

食材分量

80克（白萝卜2根）

食材刀工

白萝卜缨切掉最尾端的根部。

白萝卜缨炒小白菜

时间 4分钟 热量 36千卡

● 原料 白萝卜缨40克，小白菜200克，红椒适量

● 调料 食用油适量，盐3克

● 做法

1 将白萝卜缨和小白菜用水洗净，切成段。

2 红椒洗净，切成丁。

3 热锅倒油，倒入白萝卜缨翻炒。

4 倒入小白菜翻炒至食材熟软。

5 加入红椒，用盐调味，炒匀即可。

凉拌白萝卜缨

时间 4分钟 热量 11千卡

● 原料 白萝卜缨40克，红椒丝适量

● 调料 芝麻油适量，盐3克，生抽少许

● 做法

1 将白萝卜缨用水洗净。

2 锅中注入适量清水烧开。

3 加入白萝卜缨氽煮至断生。

4 捞出断生的白萝卜缨，沥干水分。

5 白萝卜缨切段，装碗。

6 加入盐、生抽、芝麻油，搅拌均匀。

7 最后撒上红椒丝点缀即可。

前期食材准备

胡萝卜缨

胡萝卜缨含有丰富的矿物质与维生素，同时富含胡萝卜素，具有保护视力的功效。

食材分量

50克（8根胡萝卜）

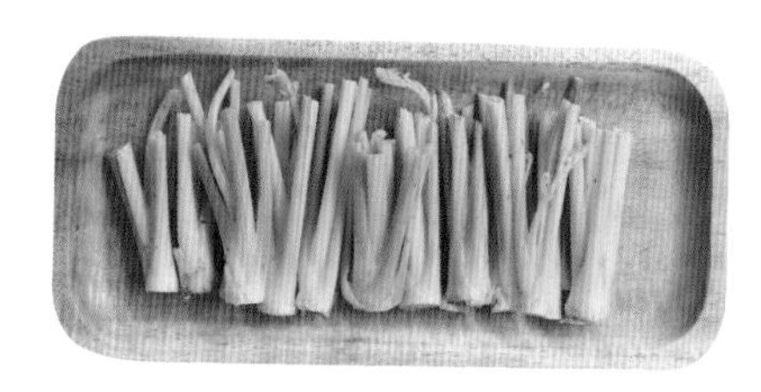

食材刀工

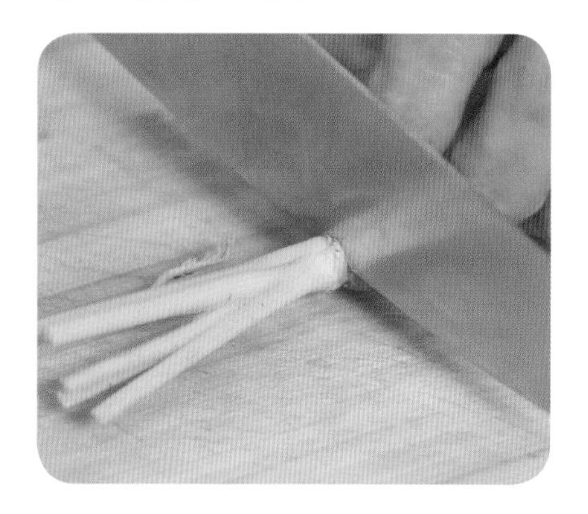

胡萝卜缨切去最尾端的根部。

扫一扫看视频

胡萝卜缨菜团子

时间 40分钟 热量 277千卡

●原料 玉米粉400克，黄豆粉200克，胡萝卜缨50克，葱花适量，姜末少许

●调料 盐3克，橄榄油适量

●做法

1. 胡萝卜缨洗净，下沸水焯熟，用冷水浸泡一会儿，捞出。
2. 将胡萝卜缨切成碎末，倒入碗中。
3. 碗中倒入葱花、姜末、盐，拌匀，制成胡萝卜缨菜馅。
4. 碗中倒入玉米粉和黄豆粉，加适量温水和匀成面团。
5. 面团中加入菜馅，和匀。
6. 将和好的面团分成大小均匀的数个剂子。
7. 将剂子装入盘中，放入蒸锅里，用大火蒸30分钟。
8. 取出后，抹上适量橄榄油。
9. 待胡萝卜缨菜团子冷却后即可食用。

温馨小贴士

胡萝卜缨菜团子里，可以根据自己的口味喜好包进一些肉馅。

Part 4

巧用根与须，能变治病药

葱须、生菜头……这些其貌不扬的部位，大概是很多家庭的厨余主角。你可曾想过，有一天它们会化身成一碟碟精美的小菜，成为你餐桌上的宠儿？香菜根开胃消食，芦笋根清肺止咳，玉米须清热祛湿……

过去不识宝，现在就告别浪费吧！别小看了那些在厨房里沉睡的蔬菜根须，如果用得巧，它们不但能变成下饭佳肴，有些甚至可以保健治病，发挥你意想不到的药用功效。

前期食材准备

香菜根

香菜根营养丰富，它辛香的味道还能够促进肠胃蠕动，有开胃促消化的食疗功效。同时，香菜根还能健脾胃、促进血液循环。

食材分量

20克（1把香菜）

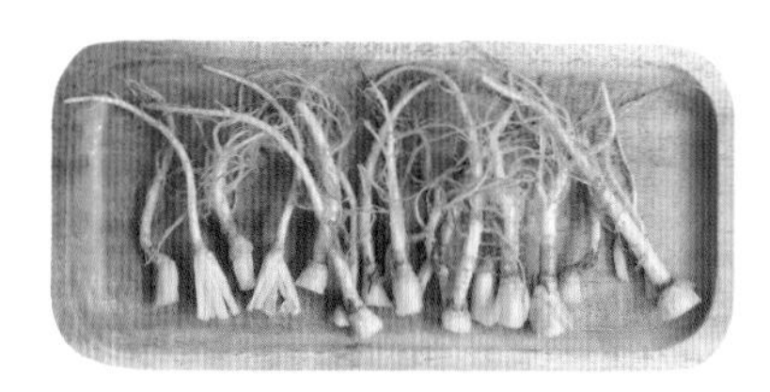

食材刀工

将香菜根连着须部切下。

凉拌香菜根

时间 5分钟 热量 13千卡

●原料 香菜根20克

●调料 盐、糖、醋、食用油各适量，生抽、辣椒油各少许

●做法

1 香菜根放在流水下。
2 用搓筷子的方式将香菜根上的泥土、灰尘清洗干净。
3 锅中注入适量清水。
4 加入少许食用油、盐，烧开。
5 将洗净的香菜根放入锅中，
6 将香菜根汆煮一会儿，直至断生。
7 捞出煮好的香菜根。
8 沥干水分，装入准备好的碗中。
9 放入盐、糖，搅拌均匀。
10 放入适量生抽、醋，搅拌均匀。
11 加入少许辣椒油，拌匀即可。

温馨小贴士

香菜根上残留着比较多的泥土和杂质，因此在清洗的时候一定要格外认真。

前期食材准备

茴香根

茴香根营养物质丰富，能够温肾和中、行气止痛，有治寒疝、胃寒呕逆、腹痛、风湿关节痛等功效。

食材分量

140克（1个茴香根）

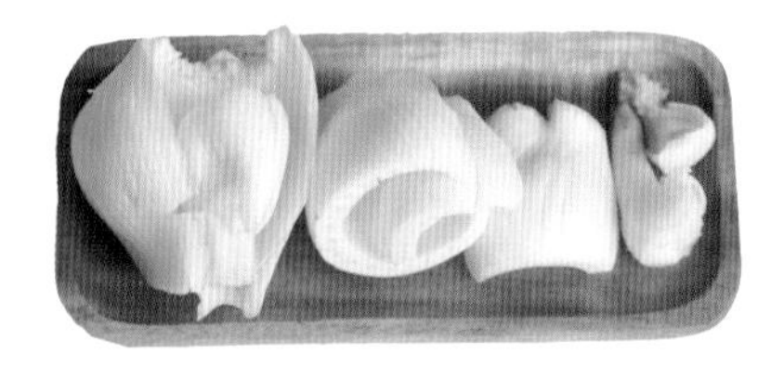

食材刀工

茴香根洗净，用刀将茴香根上残留的余根切下。

清炒茴香根

时间 3分钟 热量 13千卡

●原料 茴香根70克

●调料 食用油适量，盐、蒸鱼豉油适量

●做法

1 处理好的茴香根一片片剥开，再切成大小均匀的块状。

2 平底锅烧到六成热，倒入食用油。

3 倒入茴香根，翻炒到微软。

4 加盐，翻炒均匀。

5 加蒸鱼豉油，翻炒入味即可。

凉拌茴香根

时间 15分钟 热量 11千卡

●原料 茴香根70克，蒜泥适量

●调料 盐、香醋、芝麻油适量

●做法

1 处理好的茴香根一片片剥开，再切成粗丝，倒入碗中。

2 加入适量盐腌渍10分钟。

3 腌渍好的茴香根用清水冲去多余盐分。

4 腌渍过的茴香根沥干水分，装入碗中。

5 碗中倒入蒜泥，搅拌均匀。

6 淋入香醋、芝麻油搅拌均匀即可。

前期食材准备

芦笋根

芦笋根含有丰富的抗癌元素之王——硒，能阻止癌细胞分裂与生长，抑制致癌物的活力，并且能够加速解毒。

食材分量

185克（1捆芦笋）

食材刀工

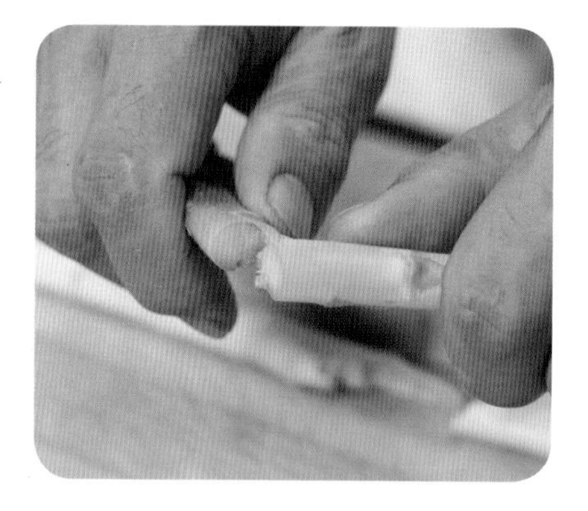

芦笋根用手直接掰开，断开处就是老根和嫩根的分界线。

芦笋根甜汤

时间 7分钟　热量 22千卡

●原料　芦笋根185克

●调料　冰糖少许

●做法

1. 将芦笋根洗净，切成小段。
2. 锅中注入适量清水。
3. 加入切好段的芦笋根。
4. 开中火，慢慢将水煮开。
5. 煮开后加入少许冰糖调味。
6. 续煮5分钟至冰糖溶化即可。

温馨小贴士

女生喝芦笋根甜汤的话，可以将冰糖换成红糖，会有益气补血的食疗功效。

玉米须可以降血脂、血压、血糖，有凉血、泻热的功效，可去体内的湿热之气。

食材分量

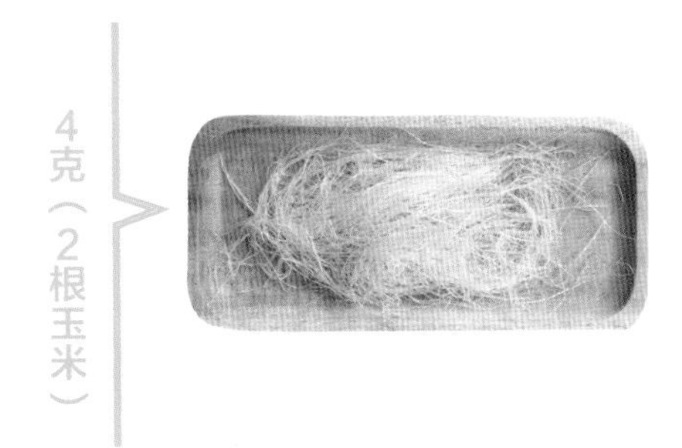

食材刀工

扒开玉米衣，将玉米须从玉米上取下即可。

玉米须茶

时间	7分钟	热量	9千卡

● **原料**　玉米须4克

● **做法**

1. 玉米须清洗干净，去掉尾端。
2. 处理好的玉米须沥干水分。
3. 锅中倒入适量的清水。
4. 清水锅中再加入洗干净的玉米须。
5. 盖上盖子，按平时煮水的火力，煮沸。
6. 煮沸之后过5分钟，再揭开盖子。
7. 将玉米须茶倒入杯中即可。

前期食材准备

蒜须

蒜须中含有类似维生素E和维生素C的抗氧化剂，能够防止衰老；同时，还有维生素B_1，能够抗疲劳。

食材分量

100克（12棵蒜）

食材刀工

将蒜须用刀从大蒜上切下，带上部分蒜根。

酥香蒜须

时间 5分钟 热量 78千卡

●原料 蒜须50克，鸡蛋52克，面粉适量

●调料 食用油2毫升，盐适量，黑胡椒粉适量

●做法

1 蒜须洗净；鸡蛋打入碗中，用筷子搅散。

2 将洗净的蒜须放入鸡蛋液里，均匀地裹上鸡蛋液。

3 再将蒜须拍上适量的面粉。

4 煎锅烧热，注入适量食用油。

5 放上处理好的蒜须，煎至两面金黄。

6 撒上适量盐、黑胡椒粉即可。

凉拌蒜须

时间 7分钟 热量 23千卡

●原料 蒜须50克，红椒半个，青椒1个，花椒少许

●调料 白糖、盐、生抽、香醋、食用油各少许

●做法

1 将蒜须切下，洗净，放入开水中汆煮一会儿，去除辛辣味，捞出，沥干装盘。

2 青、红椒洗净切小粒，装入盘中。

3 取碗，加入少许白糖、盐、生抽、香醋、食用油、青椒、红椒、花椒，拌匀；入油锅滚烫；浇在蒜须上，搅拌均匀即可。

葱须

葱须味辛，性平，归肺经，具有祛风散寒、解毒、散瘀的功效。主治风寒头痛、喉疮、痔疮、冻伤等症。

食材分量

5克（1把大葱）

食材刀工

将葱须从大葱上切下。

生姜葱须白萝卜汤

时间 38分钟　热量 11千卡

● **原料**　白萝卜30克，葱须5克，蜂蜜、生姜各适量

● **做法**

1. 葱须放在冷水里清洗掉表面的灰尘。
2. 洗净的生姜、白萝卜洗净，不去皮切薄片。
3. 切好的生姜片、葱须、白萝卜放入砂锅中。
4. 往砂锅里加入食材量2倍的冷水。
5. 盖好锅盖，中小火熬煮30分钟左右。
6. 煮到3种食材的味道都充分发挥出来，关火后淋上蜂蜜即可。

温馨小贴士

葱须和生姜都有祛风的食疗功效，此汤品适合感冒的人饮用。

前期食材准备

芹菜头

芹菜头含有蛋白质、纤维素、维生素、矿物质等营养成分，有甘凉清胃、涤热祛风等功效。

食材分量

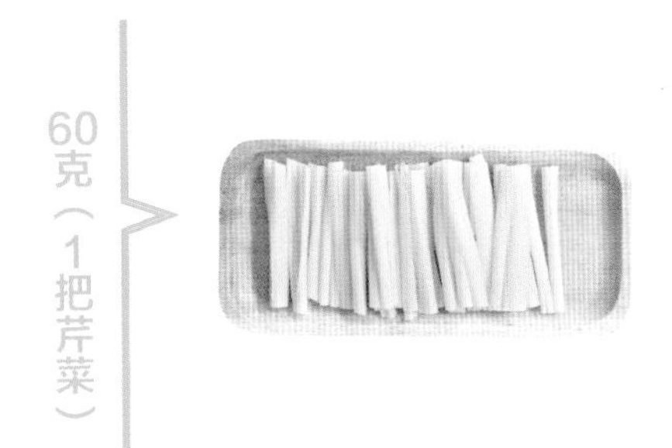

60克（1把芹菜）

食材刀工

将芹菜头从芹菜上切下来。

芹菜头黑木耳煲瘦肉

时间 80分钟　热量 592千卡

● **原料**　芹菜头60克，黑木耳20克，瘦肉400克，生姜3片

● **调料**　盐适量

● **做法**

1. 芹菜头洗净切段；黑木耳洗净泡发；瘦肉切薄片。
2. 把芹菜头与生姜放进瓦煲内。
3. 加入清水2000毫升。
4. 武火煲沸改文火煲40分钟。
5. 下黑木耳和瘦肉，煲约30分钟。
6. 调入适量盐即可。

前期食材准备

生菜头

生菜头性平，味辛，入肺经，具有祛风散寒、解毒、散瘀的功效。而且，生菜头还有利尿和促进血液循环的作用。

食材分量

60克（2个生菜）

食材刀工

将生菜头从生菜上切下。

豆腐炒生菜头

时间 4分钟 热量 62千卡

●原料 豆腐100克，生菜头35克，葱适量

●调料 食用油、盐、蚝油、酱油各适量

●做法

1 洗净的豆腐切片；洗净的葱切段。

2 生菜头洗净，切去尾端，再切片。

3 油锅烧热，将豆腐放下去，煎至两面微黄。

4 下生菜头同炒。

5 加盐调味，加酱油翻炒上色。

6 加蚝油翻炒。

7 撒上葱段，翻炒一会儿即可。

生菜头牛丸汤

时间 8分钟 热量 132千卡

●原料 生菜头25克，牛丸3颗

●调料 蒸鱼豉油、盐、胡椒粉各适量

●做法

1 牛丸洗净，对半切开后切花刀；生菜头洗净，切片状。

2 锅中注入适量清水，放入备好的牛丸。

3 倒入少许蒸鱼豉油和盐，用中火煮开。

4 烧开后转小火续煮5分钟。

5 倒入生菜头片，略微搅拌，继续用小火煮1~2分钟。

6 出锅前撒入少许胡椒粉，搅拌均匀即可。

前期食材准备

白菜头

白菜头味甘，性微寒，具有清热利水、解表散寒、养胃止渴的功效。在我国古代，民间常用白菜头煮水治疗感冒，具有不错的疗效。

食材分量

160克（3个白菜）

食材刀工

将白菜头从白菜上切下。

香辣白菜头

时间 40分钟 热量 72千卡

●原料 白菜头、胡萝卜、红椒段、蒜末各适量

●调料 食用油、盐、糖、生抽、香醋各适量

●做法

1 白菜头、胡萝卜洗净切片，用盐腌渍半小时，挤去蔬菜浸泡出的水分，用凉开水冲掉表面的盐分，沥干，装碗。

2 碗中倒入糖、生抽、香醋拌匀。

3 起油锅，四成热时倒入红椒段和蒜末，用小火煸香；红椒和蒜末微黄时，趁热浇在拌好的白菜头上即可。

白菜头止咳汤

时间 95分钟 热量 45千卡

●原料 白菜头2棵，生姜30克

●调料 冰糖50克

●做法

1 将白菜头切下，一片片掰开，放入清水中清洗后，切片；生姜切片。

2 取汤锅，倒入处理好的白菜头，加水稍没过白菜头。

3 开大火熬煮，水开后放入切好的姜片，一边搅拌一边熬煮30分钟。

4 倒入冰糖，搅拌均匀，改小火不断熬煮1小时直至白菜头全部软化即可。

Part 5

保存籽与核，巧作养生方

别以为养生一定要花钱进补。清肺祛痰的冬瓜籽，补脾益气的南瓜籽，美容护肤的牛油果核，滋润养阴的榴莲核……其实，不少瓜籽果核的营养价值都很高，即使跟名贵药材相比，养生效果也毫不逊色。如果你还在不经意之间将它们丢掉，实在令人大呼可惜。

不论是下厨房还是吃水果，平时不妨把这些瓜籽果核积攒保存起来，或煎水，或煮汤，或香烤，运用你的匠心巧手，制作出既美味又养生的食品吧！

前期食材准备

冬瓜籽

冬瓜籽的药用价值很高，有清肺去痰之功效，冬瓜籽所含有的植物油中的亚油酸等物质，是润泽皮肤的美容剂。

食材分量

15克（1圈冬瓜）

食材刀工

买回来的冬瓜切开，用刀取出里面的冬瓜瓤，取籽。

冬瓜籽荷叶汤

时间 7分钟　热量 23大卡

●原料　冬瓜籽15克，荷叶20克

●调料　蜂蜜10克

●做法

1 冬瓜籽洗净，控水。

2 洗净的冬瓜籽放入料理机稍微搅打碎。

3 荷叶撕成小片。

4 锅里烧开水，放入荷叶和冬瓜籽碎，小火熬煮5分钟。

5 晾凉后加入蜂蜜即可饮用。

温馨小贴士

冬瓜瓤中也有很好的营养素，可以连瓤带籽一起打成汁。

前期食材准备

南瓜籽

南瓜籽内含有维生素和果胶，果胶有很好的吸附性，能粘结和消除体内细菌毒素和其他有害物质。

食材分量

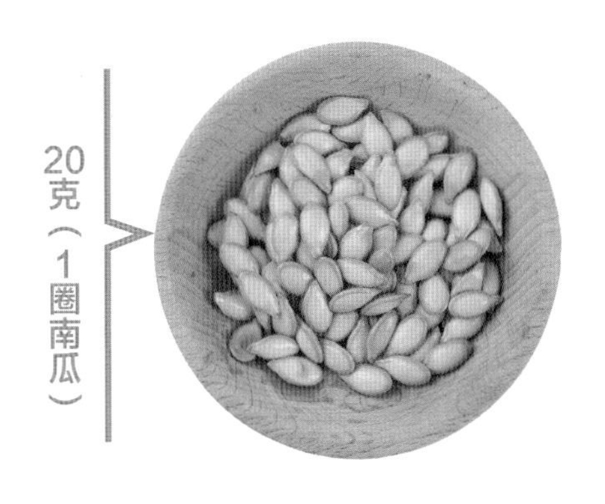

20克（1圈南瓜）

食材刀工

把南瓜切开，用刀子取出南瓜瓤，取籽。

香炒南瓜籽

时间 4分钟　热量 17大卡

● **原料**　南瓜籽20克

● **调料**　食用油、盐各适量

● **做法**

1. 把南瓜籽分离出来，洗净控干。
2. 平底锅稍微淋一点油，放入南瓜籽。
3. 把南瓜籽摊平，不断地翻炒，直至外皮变黄。
4. 加入适量食用油，翻炒均匀。
5. 加入盐翻炒调味即可。

温馨小贴士

炒好的南瓜籽放在密封的容器里储存，可以当做小零食食用。

青椒籽

青椒籽含有大量的营养素，一能够健胃助消化；二能够预防胆结石；三能够改善心脏功能；四能够降低血糖。

食材分量

10克（2个青椒）

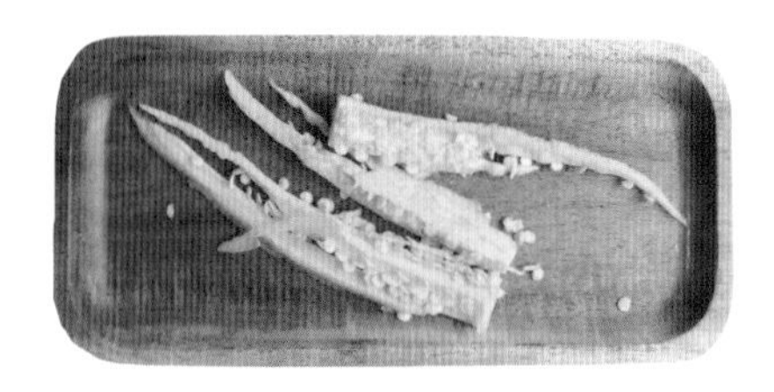

食材刀工

青椒用刀片开，剔出青椒籽。

青椒籽精力饮

时间 3分钟 热量 87千卡

●**原料** 青椒籽10克，苹果适量

●**调料** 蜂蜜适量

●**做法**

1 取出的青椒籽清洗干净。

2 洗净的苹果去皮去籽，切成小块。

3 准备好榨汁机。

4 倒入青椒籽和切好的苹果块。

5 用榨汁功能榨成汁。

6 调入适量蜂蜜搅拌均匀。

7 倒入准备好的杯子中即可饮用。

温馨小贴士

除了苹果以外，精力饮中也可以再加入一些自己喜欢的水果来调味。

前期食材准备

西瓜籽

西瓜籽富含不饱和脂肪酸，而不饱和脂肪酸有利于降低血压，防治动脉硬化。

食材分量

8克（1瓣西瓜）

食材刀工

西瓜切块，用勺子将显露出来的西瓜籽挖下来即可。

西瓜籽酥饼

时间	20分钟	热量	322千卡

● **原料** 低筋面粉120克，鸡蛋1个，西瓜籽8克，泡打粉适量

● **调料** 白砂糖70克，植物油40毫升，食用油适量

● **做法**

1 碗中倒入植物油与白砂糖搅拌均匀。

2 打入鸡蛋搅拌均匀。

3 筛入低筋面粉、泡打粉搅拌均匀。

4 添加西瓜籽，和成面团。

5 搓成长方条，再切成长方形的块，摆入涂了少许油的烤盘中。

6 烤盘入烤箱中层，调成170℃，上下加热，烘烤16分钟即可。

前期食材准备

哈密瓜籽

哈密瓜籽富含蛋白质、纤维素、维生素E和镁，有美容养颜、促进消化的食疗功效。

食材分量

8克（哈密瓜半个）

食材刀工

哈密瓜切开，用刀取出哈密瓜瓤，取籽。

烤哈密瓜籽

时间 25分钟 热量 23大卡

● **原料** 哈密瓜籽8克

● **调料** 橄榄油适量，白糖适量

● **做法**

1. 哈密瓜籽清洗干净，控干。
2. 烤盘上铺上锡纸。
3. 刷上一层薄薄的橄榄油。
4. 将哈密瓜籽放在锡纸上。
5. 入烤箱，以150℃烤20分钟。
6. 取出，食用时蘸上少许白糖即可。

扫一扫看视频

温馨小贴士

除了白糖口味，烤好的哈密瓜籽也可以按照自己的口味蘸不同的调料食用。

前期食材准备

葡萄籽

葡萄籽能够清除自由基、抗衰老、增强免疫力，而且还能保护皮肤、美容养颜。

食材分量

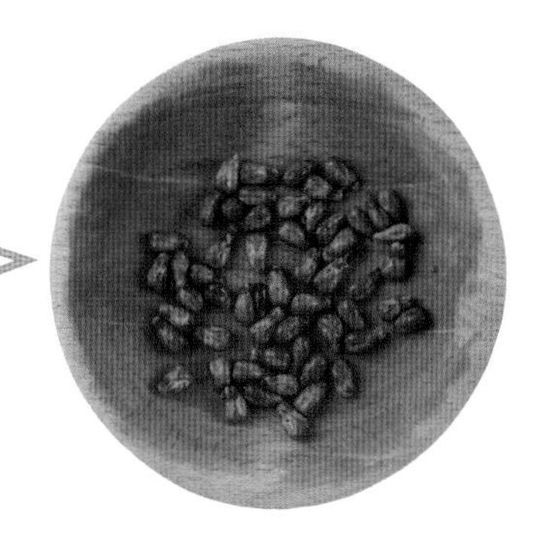

食材刀工

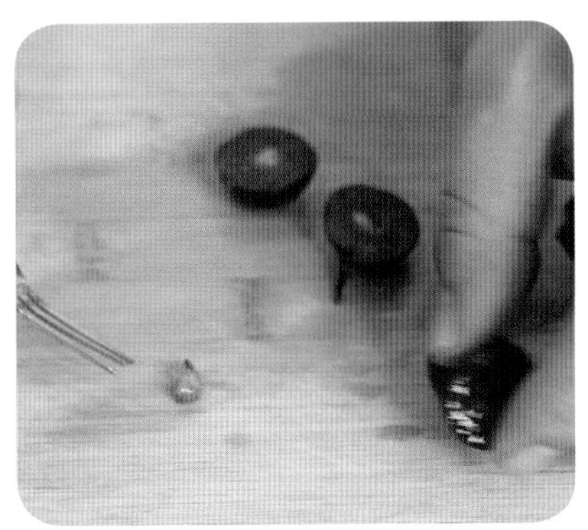

葡萄对半切开，取籽。

葡萄籽玫瑰花茶

时间	25分钟	热量	13大卡

原料 葡萄籽7克，玫瑰花蕾适量

做法

1. 葡萄籽清洗干净。
2. 放入垫有锡纸的烤盘，推入烤箱。
3. 用上下火150℃烘烤20分钟。
4. 将烤制过的葡萄籽研磨粉碎。
5. 葡萄籽粉装入杯子中，倒入适量开水。
6. 泡发至葡萄籽有效成分析出时，滤掉残渣。
7. 加入玫瑰花蕾泡发即可。

前期食材准备

菠萝蜜核

菠萝蜜核益气补血，能够改善没有光华、失去红润的皮肤。而且，菠萝蜜核可以消炎止痛、舒缓疼痛，减少疼痛感。

食材分量

90克（6个菠萝蜜果肉）

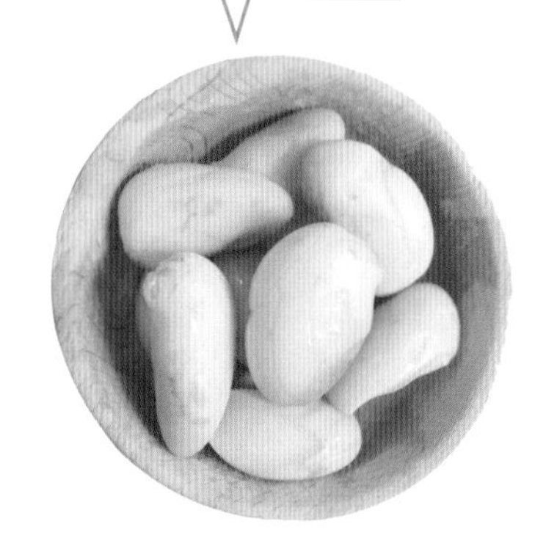

食材刀工

菠萝蜜的核下锅煮10分钟，稍微放凉后，剥开外皮。

菠萝蜜核焖鸡翅

时间 8分钟　热量 479千卡

●**原料** 鸡中翅250克，菠萝蜜核60克，干葱头适量，姜、蒜各适量

●**调料** 冰糖10克，盐、生抽、广东米酒、蚝油、食用油各适量

●**做法**

1. 洗净的鸡中翅切成两半；菠萝蜜核对半切开；干葱头切圈；姜、蒜切片。
2. 锅里注油烧热，爆香姜、干葱头、蒜，加入切好的鸡中翅，翻炒均匀。
3. 下盐、生抽、广东米酒、冰糖、翻炒均匀。
4. 再加入菠萝蜜核翻炒均匀。
5. 加入适量的水，盖盖焖煮。
6. 煮到汤汁差不多收干，下蚝油翻炒均匀，再盛入盘中即可。

菠萝蜜核红枣粥

时间 15分钟　热量 89千卡

●**原料** 菠萝蜜核30克，红枣2个，莲子6个，大米10克，小米10克

●**做法**

1. 淘洗干净大米。
2. 淘洗干净小米。
3. 红枣、菠萝蜜核、莲子清洗干净。
4. 洗净的材料放进电饭煲里，加入适量清水。
5. 选择煮粥按键，焖煮至熟即可。

前期食材准备

橘核

橘核含有的养生成分十分多，有散结通络的功效，对于有乳腺增生的女性而言，有缓解乳腺增生症状的食疗功效。

食材分量

2克（14瓣橘子肉）

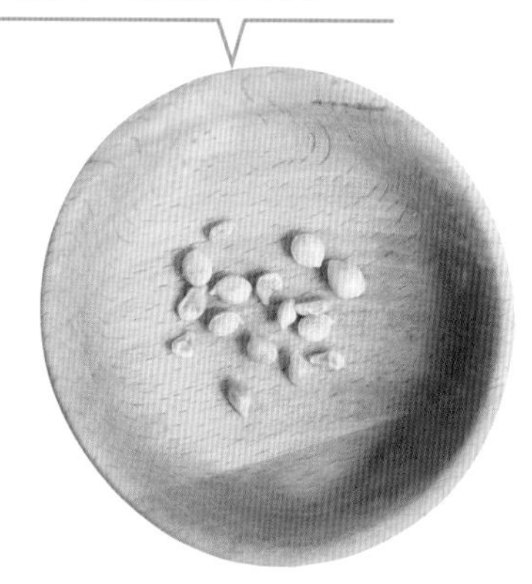

食材刀工

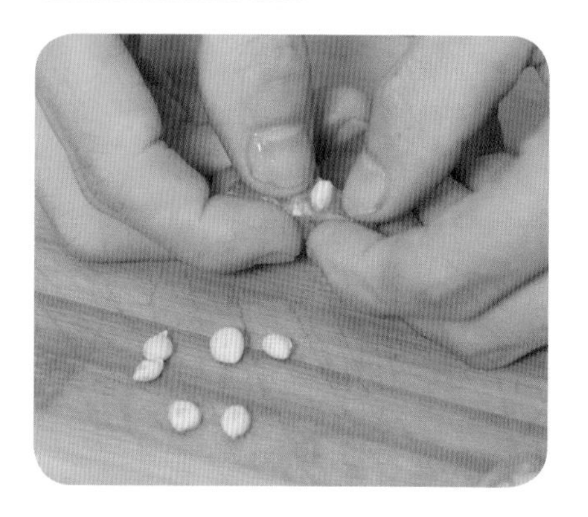

橘子肉剥开，取出里面的橘核。

橘核保健茶

时间 5分钟 热量 21千卡

●原料 橘核2克

●调料 蜂蜜适量

●做法

1. 清水装碗，倒入橘核清洗干净。
2. 将清洗干净的橘核捞出，沥干水分。
3. 取研磨器，倒入橘核。
4. 将橘核用研磨棒磨至中小颗粒。
5. 橘核装入备好的杯子里，用开水浸泡至有效成分析出。
6. 放凉后按照个人口味加入适量的蜂蜜，搅拌均匀即可。

温馨小贴士

橘核磨碎的颗粒状最好小一点，这样才能够很好地析出有效成分。

前期食材准备

牛油果核

牛油果核中的抗氧化物质比果肉还高70％以上，而且其中的钾还有一定的降压功效。

食材分量

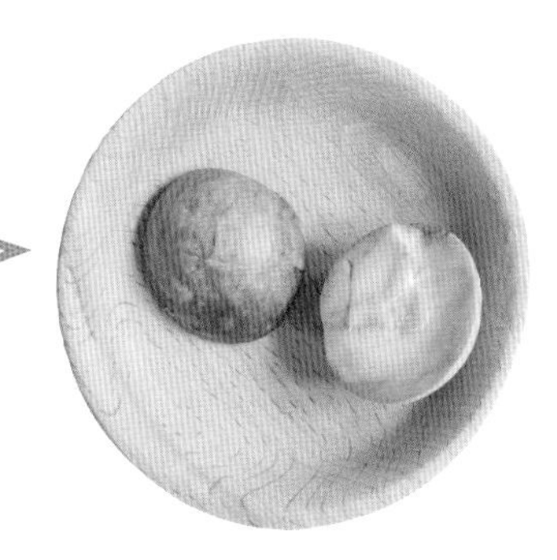

食材刀工

牛油果对切，用勺子挖出果核。

牛油果核苹果汁

时间 3分钟 热量 76千卡

●原料　牛油果核25克，苹果2个

●调料　蜂蜜适量

●做法

1 苹果洗净，去核，切成小块。

2 牛油果核洗净。

3 榨汁机中倒入牛油果核和苹果块。

4 加入适量清水。

5 按启动键搅拌成汁。

6 揭盖，按照个人口味加入适量蜂蜜。

7 稍微搅拌均匀，倒入备好的杯中即可。

前期食材准备

桂圆核

桂圆核止血、定痛、理气、化湿，而且有治疗创伤出血、疝气、瘰疬、疥癣、湿疮的作用。

食材分量

40克（20颗桂圆）

食材刀工

桂圆取出果核，用刀工拍碎。

桂圆核蜜饮

时间 5分钟 热量 22千卡

●**原料** 桂圆核20克

●**调料** 蜂蜜30克

●**做法**

1 清水装碗，倒入备好的桂圆核清洗干净。
2 将清洗干净的桂圆核捞出，沥干水分。
3 洗净的桂圆核装入杯子里，用开水浸泡至有效成分析出。
4 用滤网过滤掉残渣，留下茶。
5 放凉后加入蜂蜜，搅拌均匀即可。

桂圆核明目茶

时间 5分钟 热量 18千卡

●**原料** 桂圆核20克，枸杞少许

●**做法**

1 清水装碗，倒入备好的桂圆核清洗干净。
2 将清洗干净的桂圆核捞出，沥干水分。
3 洗净的桂圆核装入杯子里，用开水浸泡至有效成分析出。
4 用滤网过滤掉残渣，留下茶。
5 枸杞洗净，倒入杯中。
6 放温后饮用即可。

前期食材准备

榴莲核

榴莲核中含有丰富的维生素、蛋白质、糖分，是很好的滋补品，既可以用来做药，也能够用来炖汤。

食材分量

150克（1个榴莲）

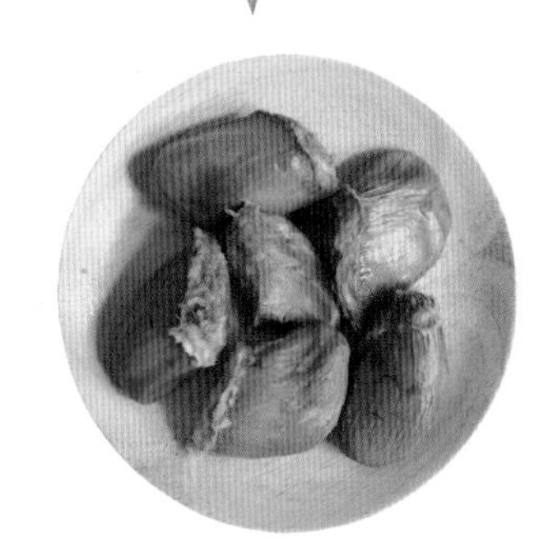

食材刀工

将榴莲每一瓣的果肉剥开，取出榴莲核。

榴莲核炖鸡肉

时间 65分钟 热量 523千卡

●原料 鸡肉300克，榴莲核70克，八角1个，香菜、枸杞、姜片各适量

●调料 盐适量，料酒、胡椒粉各少许

●做法

1 将鸡肉剁成小块。

2 将鸡肉放入锅中，汆去血沫撇掉，捞出汆熟的鸡肉。

3 捞出的鸡肉用温水洗干净。

4 锅中放清水，加热，放入八角、姜片、料酒、榴莲核、鸡肉。

5 大火煮开转小火煮1小时；煮好后加入盐、胡椒粉、香菜、枸杞稍煮即可。

榴莲核煲排骨鱿鱼汤

时间 135分钟 热量 613千卡

●原料 排骨200克，鱿鱼干60克，榴莲核80克，姜片适量

●调料 盐、胡椒粉各适量

●做法

1 锅中注水烧开，倒入洗净的排骨，汆煮一会儿，直至去除血沫，捞出，沥干。

2 鱿鱼干切成小片。

3 另取锅，注入适量清水，放入姜片、榴莲核、排骨、鱿鱼干，用大火烧开，煮10分钟，转小火煲2小时。

4 揭盖，倒入适量盐和胡椒粉即可。

Part 6

其他厨余食材的妙用

多利用一些厨余食材，就会少一点浪费；多一些巧思妙想，生活就会少一点沉闷。除了果皮、瓜籽、菜根等等不起眼的部位，还有很多厨余食材也能变成极富创意的美食，如茄蒂、瓜瓤、鱼鳞、虾壳……

或凉拌，或热炒，或炖汤，或煎焗，花样百变，滋味诱人。现在就来施展厨房里的魔法，学习烹饪更多的厨余食材，为你的餐桌增添生趣吧！

前期食材准备

榴莲瓤

榴莲肉是上火之物，榴莲瓤却是败火良物，能够清热解毒，同时还有养颜美容的功效。

食材分量

130克（1个榴莲）

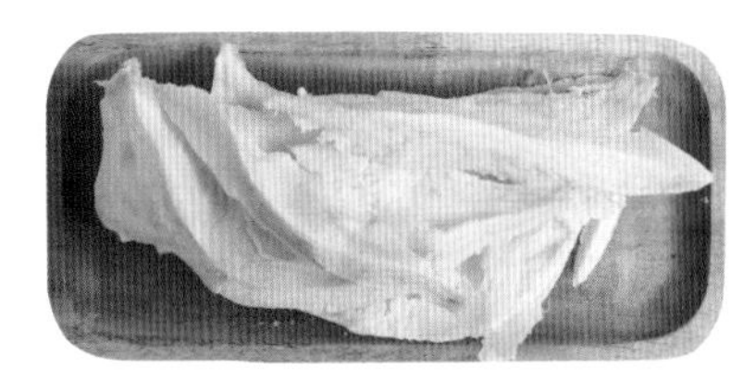

食材刀工

榴莲取下果肉，沿着边缘，将壳内的白瓤切下。

榴莲瓤炖排骨

时间 65分钟 热量 373千卡

●原料 排骨150克，榴莲瓤60克

●调料 盐适量

●做法

1. 排骨洗净，烧开一锅水，将排骨放下去焯水，待水开，关火，捞出排骨。
2. 取炖锅烧开适量水，将榴莲瓤放入，待水烧开将排骨加入。
3. 大火烧开水，转小火慢慢炖45分钟~1个小时左右。
4. 加适量盐于汤中，小煮一会儿即可。

榴莲瓤炖鸡

时间 75分钟 热量 340千卡

●原料 榴莲瓤70克，鸡1只，黑木耳100克，姜片适量

●调料 盐、料酒各适量

●做法

1. 鸡用盐抹匀，腌渍30分钟，用水洗净后，剁成小块；黑木耳放入水中提前泡发。
2. 砂锅内注入适量的清水，放入鸡、榴莲瓤、姜片。
3. 淋入料酒，加盖用大火煮开，转小火慢炖。
4. 煮开后放入黑木耳，续煮40分钟后关火。
5. 揭盖，盛出汤水即可。

前期食材准备

苦瓜瓤

苦瓜瓤中含有抗氧化物质，能够强化毛细血管，促进血液循环，预防动脉硬化。而且，其还具备清热解暑、消肿解毒的功效。

食材分量

70克（2个苦瓜）

食材刀工

苦瓜切段，用手取出苦瓜瓤。

虾米苦瓜瓤

时间 7分钟 热量 32千卡

● 原料 苦瓜瓤35克，虾米3克，生姜碎15克

● 调料 黑砂糖5克，酱油15毫升，味啉30毫升，白酒30毫升

● 做法

1. 苦瓜瓤切成碎末，放入锅中。
2. 加入虾米、黑砂糖、生姜碎、酱油、味啉、白酒和30毫升清水拌匀。
3. 中火加热，翻炒均匀。
4. 盛出炒熟的菜肴即可。

苦瓜瓤鸡蛋饼

时间 5分钟 热量 41千卡

● 原料 苦瓜瓤35克，洋葱30克，虾仁5克，柠檬片少许，鸡蛋1个

● 调料 盐少许，食用油适量

● 做法

1. 鸡蛋打入碗中，搅散成蛋液。
2. 苦瓜瓤切碎；洋葱切1厘米厚的丁。
3. 苦瓜瓤、洋葱、虾仁、盐加入蛋液中混匀。
4. 热锅注油，倒入蛋液煎至金黄色，盛出。
5. 放凉后，将煎好的苦瓜瓤鸡蛋饼分割成8等分，加上少许柠檬片点缀即可。

南瓜瓤

南瓜瓤含丰富的类胡萝卜素，可由人体吸收转化为维生素A，起保护视力的作用。而且南瓜瓤可温润脾胃，安神助眠。

食材分量

140克（2圈南瓜）

食材刀工

南瓜对半切开，挖出其中的瓤。

南瓜瓤浓汤

时间 18分钟　热量 127大卡

●**原料** 南瓜瓤140克，洋葱丁50克，土豆片100克，豆奶100毫升

●**调料** 盐、胡椒各少许

●**做法**

1. 将洋葱丁、土豆片、南瓜瓤放入锅中，加入100毫升清水，中火加热。
2. 煮沸后搅拌均匀，盖上锅盖续煮15分钟。
3. 将锅中食材盛出，放入搅拌机中，加入豆奶搅拌至柔滑状态。
4. 重新放入锅中加热，加入盐、胡椒搅拌调味即可。

扫一扫看视频

温馨小贴士

家里没有豆奶的话，也可以选择用牛奶代替，口感会更加柔顺细腻。

前期食材准备

藕节

藕节味甘、涩，性平，能够收敛止血。对于咳血、吐血、失血的人，有良好的食疗功效。

食材分量

30克（2个莲藕）

食材刀工

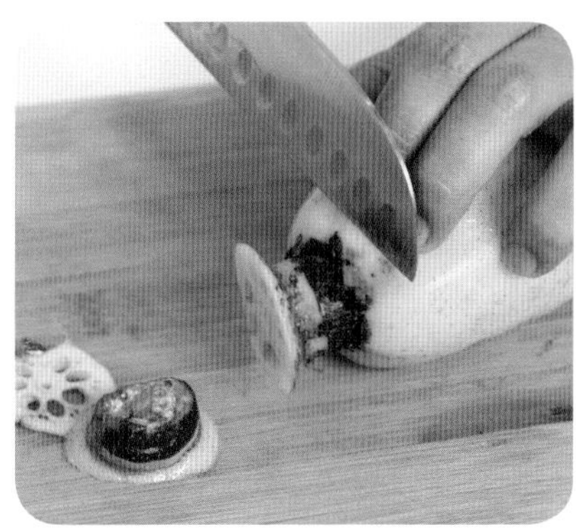

切下每段莲藕之间的藕节，放在太阳下暴晒至干即可。

藕节党参猪肉汤

时间 30分钟　热量 220千卡

● 原料　藕节、党参、山药各30克，猪瘦肉100克，莲子15克

● 做法

1 猪瘦肉洗净，切小块。

2 将藕节、莲子、山药、党参洗净。

3 锅中注入适量清水。

4 放入藕节、莲子、山药、党参。

5 加入瘦肉，一起煎煮。

6 煎至瘦肉熟烂，即可饮汤吃肉。

前期食材准备

菠萝芯

菠萝芯中的纤维含量要远远高于菠萝表层的肉质，且粗纤维多，更有利于促进胃肠蠕动，促进身体的新陈代谢。

食材分量

80克（菠萝1个）

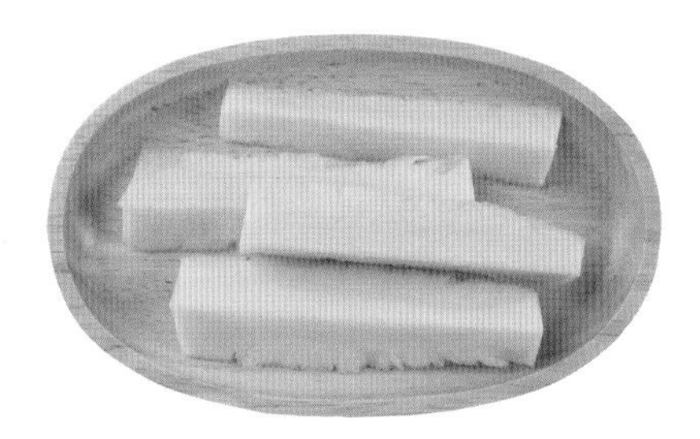

食材刀工

菠萝切开，切下菠萝芯。

菠萝芯酸辣带子

时间 10分钟　热量 147千卡

原料 带子4个，菠萝芯80克，红葱1个，红辣椒1个，蒜蓉10克

调料 盐1克，料酒5毫升，鱼露5毫升，生抽5毫升，白糖2克，食用油10毫升

做法

1. 菠萝芯切成小块的丁状。
2. 带子清洗干净，清理掉带子的肠子和周围黑色围边。
3. 把红葱去掉外层的枯皮，用刀均匀地切成细小碎丁。
4. 红辣椒切成细丁。
5. 热锅注油，倒入辣椒丁爆香。
6. 加入红葱，翻炒均匀。
7. 倒入带子，翻炒至八成熟。
8. 倒入菠萝芯，翻炒均匀。
9. 加入盐、蒜蓉、白糖，翻炒均匀调味。
10. 淋入适量料酒、生抽、鱼露，炒香炒匀。
11. 将炒好的菜肴盛盘即可。

温馨小贴士

除了带子，也可以用花蛤、扇贝等贝壳类食材来做这一道菜。

前期食材准备

百香果壳

百香果壳除了用于提取果胶、医药成分，也可用于泡酒或泡茶，以及烹饪菜肴，具有降血压、补充维生素C的功效。

食材分量

50克（1个百香果）

食材刀工

百香果对半切开，用勺子取出里面的果肉食用，留下果壳。

百香果壳冰糖饮

时间 125分钟 热量 24千卡

● 原料 百香果壳50克

● 调料 冰糖少许

● 做法

1. 把百香果壳清洗干净。
2. 用剪刀剪成小块。
3. 处理好的果壳倒入炖盅里。
4. 加入少许冰糖和适量凉白开。
5. 加盖放入锅中，隔水炖煮，大火烧开后转小火炖2小时即可。

温馨小贴士

百香果壳最好剪得越小越好，这样比较容易将有效成分析出。

前期食材准备

毛豆荚

毛豆荚既富含植物性蛋白质，又含有非常多的微量元素，同时又含有丰富的膳食纤维和B族维生素。

食材分量

40克（20颗毛豆）

食材刀工

毛豆荚去掉内侧较硬的部分和边缘较硬的筋。

炸毛豆荚

时间	5分钟	热量	32千卡

● 原料　煮过的毛豆荚40克，小麦粉5克

● 调料　盐、咖喱粉各适量，食用油适量

● 做法

1. 毛豆荚放入碗中，均匀地抹上小麦粉。
2. 锅中放入抹好小麦粉的毛豆荚，注入食用油至浸过食材。
3. 中火加热至冒气泡后转为小火，中途搅拌数次，炸至黄褐色，捞出。
4. 放在吸油纸上吸干油，根据个人喜好撒上适量盐和咖喱粉即可。

豆渣

豆渣中含有丰富的食物纤维，有预防肠癌及减肥的功效。而且食用豆渣能降低血液中胆固醇含量，减少糖尿病患者对胰岛素的消耗。

食材分量

500克（5杯豆浆）

食材刀工

打好的豆浆过滤网，滤出豆浆汁，留下豆渣。

豆渣葱花饼

时间 5分钟　热量 273千卡

●原料　豆渣300克，小麦面粉100克，鸡蛋1个，豆浆1杯，葱花少许

●调料　盐3克，食用油适量

●做法

1. 将豆浆里滤出来的豆渣倒进大碗中。
2. 倒入一杯豆浆搅拌均匀。
3. 打进一个鸡蛋，加少许盐拌匀。
4. 加入适量小麦面粉、葱花。
5. 搅拌成能流动的稀面糊。
6. 锅内刷薄油，舀一勺面糊倒进去摊成饼，两面烙熟即可。

温馨小贴士

喜欢鸡蛋味浓郁一点的，可是适当增加鸡蛋的比例。

胡萝卜豆渣丸子

时间 5分钟　热量 223千卡

● 原料　豆渣100克，胡萝卜丝100克，葱花适量，鸡蛋1个，面粉50克

● 调料　盐4克，胡椒粉、番茄酱、食用油各适量

● 做法

1. 把豆渣、鸡蛋、面粉、葱花、胡萝卜丝在大碗中混合，加入盐和胡椒粉，混合成浓稠的糊状，团成数个小丸子。
2. 锅中倒入油，用中火烧至六成热。
3. 将团好的丸子放入油锅中，炸约3分钟至金黄色，炸好的小丸子搭配番茄酱吃即可。

素肉松

时间 8分钟　热量 255大卡

● 原料　豆渣250克，熟白芝麻1勺

● 调料　生抽20毫升，鱼露20毫升，白糖5克，食用油适量

● 做法

1. 平底锅烧至六成热，加入一点儿食用油。
2. 加入豆渣，用中火翻炒至水分收干。
3. 淋入生抽、鱼露，用小火翻炒提香。
4. 翻炒至豆渣松散，加入白糖，继续用小火翻炒均匀。
5. 翻炒至豆渣呈金黄色，加1勺白芝麻混合，关火即可。

前期食材准备

茄蒂

茄蒂含多种维生素，可减低胆固醇、降血压，有抗癌、防治心脑血管疾病的作用。茄蒂还可以预防口腔溃疡。

食材分量

30克（2个茄子）

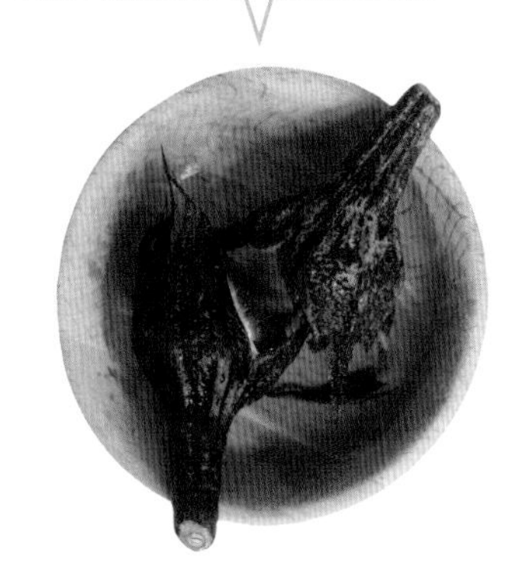

食材刀工

用刀子贴着茄身，将茄蒂取下。

茄蒂炒蛋

时间 4分钟　热量 113千卡

●原料　茄蒂30克，鸡蛋1个，红椒半个，青椒半个，蒜头2瓣

●调料　盐、食用油各适量，胡椒粉少许

●做法

1. 取下来的茄蒂放水里清洗干净。
2. 洗净的茄蒂切碎备用。
3. 鸡蛋磕入碗中打匀。
4. 切一些蒜粒和青、红椒丁备用。
5. 炒锅倒油烧热，下蛋液滑炒熟后盛出备用。
6. 另起锅倒少许油加热。
7. 放入蒜粒煸炒出香味。
8. 然后放入切好的茄蒂翻炒熟。
9. 茄蒂炒熟后放入青、红椒丁同炒。
10. 放入之前炒好的鸡蛋翻炒均匀。
11. 放入适量盐和少许胡椒粉调味。
12. 将炒好的菜肴装盘即可。

温馨小贴士

摘下来的茄蒂可以装进保鲜袋里，放入冰箱储藏。等到分量够的时候，再一起料理。

前期食材准备

香菇柄

香菇柄含有丰富的对人体有益的成分，如B族维生素、铁、钾等。此外，香菇柄含有18种氨基酸，能够补充人体所需营养。

食材分量

100克（10朵香菇）

食材刀工

用剪刀将香菇柄从香菇上剪下来。

手撕香菇柄

时间 6分钟　热量 14千卡

●原料　香菇柄40克，香菜碎适量

●调料　生抽10毫升，孜然粉2克，辣椒粉2克，食用油10毫升，盐适量

●做法

1. 洗净的香菇柄用刀拍松，撕小条。
2. 处理好所有的香菇柄，装碗。
3. 碗中倒入盐，拌匀；倒入生抽，拌匀；倒入辣椒粉、孜然粉，拌匀。
4. 加入食用油和香菜碎拌匀。
5. 取一个可微波的大盘，将腌制好的香菇柄全部铺开。
6. 将大盘放入微波炉，大火叮3分钟即可。

温馨小贴士

香菇柄在撕的时候尽量撕碎一点儿，这样比较容易入味。

卤香菇柄

时间 5分钟 热量 12千卡

●原料 香菇柄30克，生姜、葱各适量

●调料 生抽6毫升，老抽少量，白糖2克，食用油适量

●做法

1 香菇柄洗净后切去老化严重的根部。
2 洗净的生姜切细丝；葱切段。
3 炒锅烧热后倒油。
4 放入生抽、老抽、白糖煮开。
5 放入香菇柄翻炒。
6 倒入生姜丝、葱段翻炒至汤汁收浓即可。

鱼露虾米炒香菇柄

时间 3分钟 热量 32千卡

●原料 香菇柄30克，生姜少许，虾米10克

●调料 芝麻油5毫升，鱼酱3毫升，料酒7毫升，盐、胡椒各少许

●做法

1 香菇柄切掉根部，撕成细丝；生姜切细丝。
2 平底锅中倒入芝麻油，中火加热，放入虾米、香菇柄、姜丝炒匀。
3 炒至香菇柄变软，加入鱼酱、料酒、盐、胡椒调味，炒匀盛出即可。

前期食材准备

鱼鳞

鱼鳞中含有大量胶原蛋白，是一种丝状的胶原蛋白纤维，其主要生理机能是做结缔组织的黏合物质，能使皮肤结实富有弹性。

食材分量

43克（2条鲤鱼）

食材刀工

用刀将鱼鳞直接刮下即可。

鱼鳞冻

时间 145分钟 热量 72千卡

● **原料** 鱼鳞15克，姜3片，大蒜6瓣，葱段适量

● **调料** 辣椒油6毫升，盐少许

● **做法**

1. 鱼鳞洗净，沥干装碗，加入姜片、葱段、大蒜、盐、清水，放锅内用中火蒸20分钟，取出蒸好的鱼鳞，过滤掉水分。
2. 滤汁放凉后，盖上盖子，放冰箱冷藏2小时以上，就可成鱼鳞冻了。
3. 鱼鳞冻切块。
4. 鱼鳞冻装盘，加少许盐、辣椒油，拌匀，即可食用。

温馨小贴士

鱼鳞煮完过滤水分的时候，注意不要将鱼鳞掉进去。

椒盐鱼鳞

时间 13分钟 热量 66千卡

●原料 鱼鳞14克

●调料 椒盐、盐、食用油、料酒、胡椒粉、干芡粉各适量

●做法

1 鱼鳞清洗干净，加入适量盐、料酒、胡椒粉腌10分钟。

2 鱼鳞均匀撒上干芡粉，一片片放入烧热的油锅中炸，直至鱼鳞卷曲，呈金黄色即可捞出，沥干油。

3 炸好的鱼鳞放入盘中，撒上椒盐即可。

炸鱼鳞

时间 5分钟 热量 87千卡

●原料 鱼鳞14克，鸡蛋1个

●调料 淀粉、盐、食用油各适量

●做法

1 鸡蛋打开，取出蛋黄，搅散成蛋黄液。

2 鱼鳞洗净，倒入蛋黄液，搅拌均匀。

3 倒入淀粉、盐，搅拌均匀。

4 锅内倒油烧热，将拌好的鱼鳞倒入，用筷子快速搅散。

5 炸至金黄色，捞出控油即可。

前期食材准备

鱼籽

鱼籽中丰富的核黄素是人类大脑和骨髓发育不可缺少的一种补充剂；而且鱼籽含有大量的蛋白质，可保证人体每天所需的蛋白质。

食材分量

100克（2条鲤鱼）

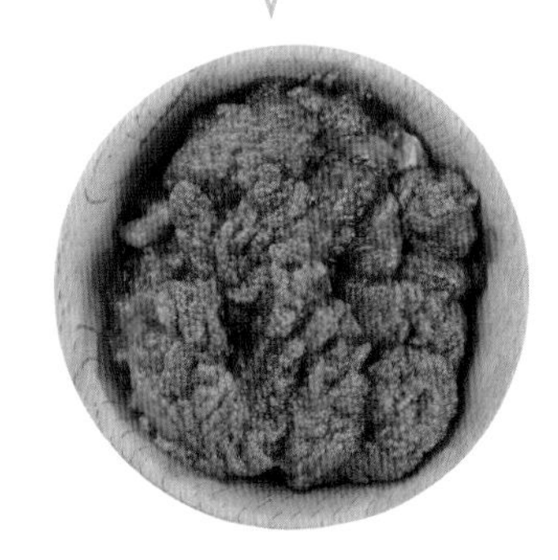

食材刀工

剖开腹部，取出鱼籽。

蛋炒鱼籽

时间 5分钟　热量 144千卡

●原料　鱼籽50克，鸡蛋2个，花椒、葱段、干辣椒各适量

●调料　料酒、食用油各适量

●做法

1. 鸡蛋打入碗中，搅散。
2. 热锅注油，油热放花椒炒香。
3. 最后放干辣椒翻炒。
4. 放入鱼籽翻炒。
5. 倒入适量料酒炒匀。
6. 鱼籽八成熟时，倒入蛋液。
7. 出锅前撒入葱段即可。

咸菜炒鱼籽

时间 3分钟　热量 174千卡

●原料　鱼籽50克，咸菜1包，姜丝、葱丝各适量

●调料　料酒、酱油、食用油、白糖各适量

●做法

1. 热锅注油，将姜丝爆香。
2. 放入鱼籽，用小火炒香。
3. 加入料酒、酱油、白糖翻炒调味。
4. 加入咸菜，继续翻炒。
5. 加入适量清水，用中火煮至收汁。
6. 加入葱丝翻炒，起锅即可。

前期食材准备

鱼肝

鱼肝是鱼身体里储存多种营养素的部位，其含有维生素A、维生素D和铁等营养成分。

食材分量

15克（2条鲤鱼）

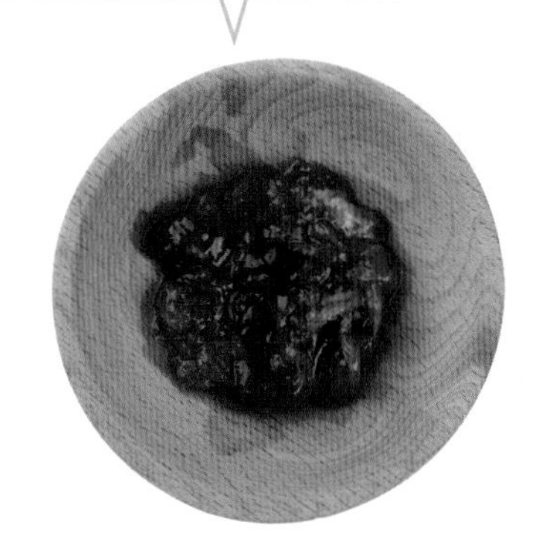

食材刀工

剖开腹部，取出鱼肝。

鱼肝炖白萝卜

时间 25分钟　热量 47千卡

● 原料　鱼肝15克，白萝卜50克，红辣椒半个，大葱、大蒜、姜各适量

● 调料　豆瓣酱30克，料酒10毫升，盐5克，白糖5克，鱼酿酱油、食用油各适量

● 做法

1. 鱼肝洗净，备用。
2. 白萝卜洗净，切成长方形片状。
3. 大葱、姜、大蒜切碎；红辣椒切碎。
4. 热锅注油，放入大葱、姜、大蒜、红辣椒，翻炒均匀，煸炒香。
5. 加入白萝卜片，炒制1分钟。
6. 倒入豆瓣酱，转小火煸炒。
7. 倒入白糖，炒匀；倒入适量清水。
8. 将鱼肝放入锅中用小火焖煮，一次性放入鱼酿酱油、盐、料酒。
9. 焖煮20分钟，转大火收汁即可。

温馨小贴士

鱼肝的胆固醇含量比较高，高血压的人最好少吃。

前期食材准备

鱼肠

鱼肠脂肪含量低，蛋白质含量不逊色于鱼肉，对活化大脑神经细胞，改善大脑机能，增强记忆力、判断力有效。

食材分量

15克（2条鲤鱼）

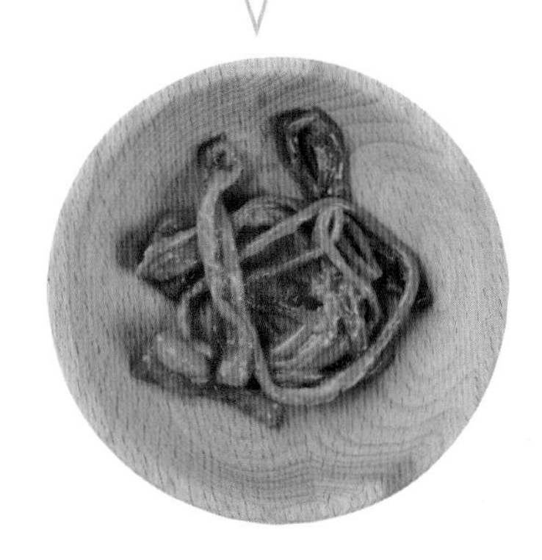

食材刀工

剖开腹部，取出鱼肠。

鱼肠炒蛋

时间 15分钟 热量 273千卡

● 原料 鸡蛋3个，鱼肠15克，香葱2根

● 调料 白糖、盐、食用油、料酒、酱油、生粉各适量

● 做法

1. 鱼肠摘下鱼肝，去掉肥油，用剪刀剪开。
2. 用水慢慢把鱼肠壁上的污垢冲洗干净。
3. 再加入盐和生粉，反复用清水冲洗几遍。
4. 将洗好的鱼肠切成小段。
5. 洗净的香葱切成葱花。
6. 鸡蛋打入碗中，用筷子搅散。
7. 热锅倒入适量食用油，倒入搅散的鸡蛋液。
8. 鸡蛋液摊平，快熟的时候搅碎。
9. 再倒入清洗干净的鱼肠，不断翻炒。
10. 加入适量的料酒、一点点酱油和白糖，翻炒入味。
11. 将炒好的鱼肠盛出，用葱花点缀即可。

温馨小贴士

鱼肠用剪刀剪开的时候，可以顺着鱼肠剪开一条道，再直接摊开。

前期食材准备

鱼骨

鱼骨富含钙等微量元素，经过软化处理后，其营养成分会更容易被人体吸收，多吃可以防止骨质疏松，促进骨骼发育。

食材分量

75克（2条鲤鱼）

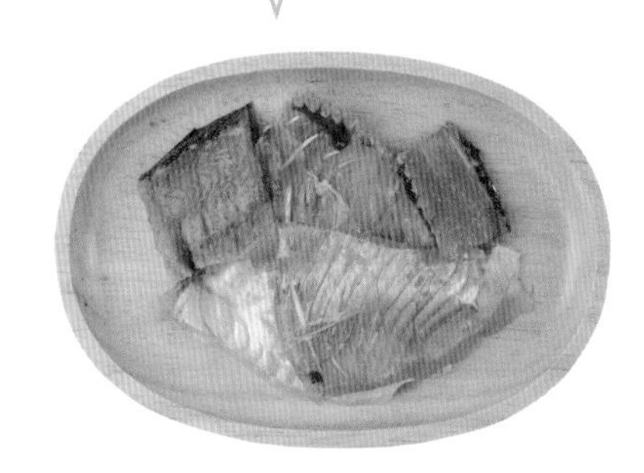

食材刀工

用刀贴着鱼肉，削下鱼骨。

香炸鱼骨

时间 65分钟　热量 73千卡

●原料　鱼骨35克，面粉、鸡蛋液各适量

●调料　盐2克，料酒20毫升，生抽10毫升，椒盐粉、食用油各适量

●做法

1. 用剪刀顺着鱼骨的方向剪小块。
2. 鱼骨里加入料酒、盐、生抽，拌匀，腌制1小时后，粘上面粉和鸡蛋液。
3. 放在漏勺里，抖去多余的粉料。
4. 锅中放入足量油，烧热后下入鱼骨，小火炸至金黄色后捞出。
5. 捞出鱼骨控油，撒上椒盐粉即可。

煎焗鱼骨

时间 17分钟　热量 89千卡

●原料　鱼骨40克，姜片、葱段、蒜蓉各适量，鸡蛋液1碗，粘米粉12克

●调料　盐适量，生抽6克，白糖、白酒、食用油各少许

●做法

1. 鱼骨切块，用盐腌15分钟，粘上鸡蛋液和粘米粉；热锅注油，放入鱼骨煎至两面金黄，装入盘内待用。
2. 锅内再放少许油，充分爆香葱、姜、蒜。
3. 放入煎好的鱼骨，加入白糖、生抽拌匀，加入白酒快速翻炒一下至香味四溢即可。

前期食材准备

鱼鳔

鱼鳔含有生物大分子胶原蛋白质，有改善组织营养状况、促进生长发育、延缓皮肤衰老的功效，是理想的高蛋白低脂肪食品。

食材分量

80克（8条鲤鱼）

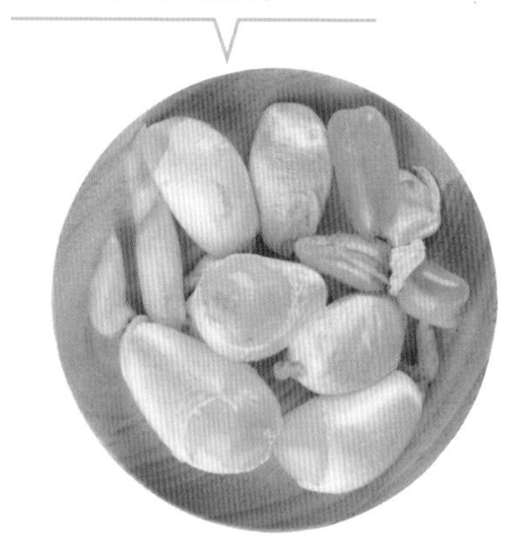

食材刀工

剖开腹部，取出鱼鳔。

葱姜焖鱼鳔

时间 35分钟　热量 98千卡

● 原料　鱼鳔40克，红椒丝、芹菜段适量，蒜粒少许

● 调料　蚝油6克，盐、老抽、生粉、料酒、生抽、白糖、食用油各适量

● 做法

1 鱼鳔装碗，加盐、生抽、生粉，抓匀。

2 热锅注油，用蒜粒爆香后，下鱼鳔翻炒，放适量料酒除腥；倒入开水、盐、白糖、老抽、蚝油，中小火焖煮15~30分钟。

3 焖好后，放入红椒丝和芹菜段，翻炒1分钟即可。

鱼鳔炒辣椒

时间 6分钟　热量 87千卡

● 原料　鱼鳔40克，青辣椒片、红辣椒片、蒜粒、姜丝、葱花各适量

● 调料　盐、料酒、生抽、蚝油、干淀粉、食用油各适量

● 做法

1 鱼鳔盛入碗里，放入料酒、生抽、姜丝、盐、干淀粉，搅拌均匀，腌制3分钟。

2 热锅放青、红辣椒和盐，炒至断生，盛出。

3 锅洗净，热锅注油，放入鱼鳔翻炒熟，加入蒜粒、蚝油和青、红辣椒，再加少许水，翻炒均匀入味。

4 装盘，点缀上葱花即可。

前期食材准备

鸡骨

鸡骨含有丰富的矿物质，其中钙、磷是人体必需的矿物质。而且，鸡骨还富含优质蛋白质和脂肪酸，以及磷脂质和磷蛋白。

食材分量

60克（2个鸡腿）

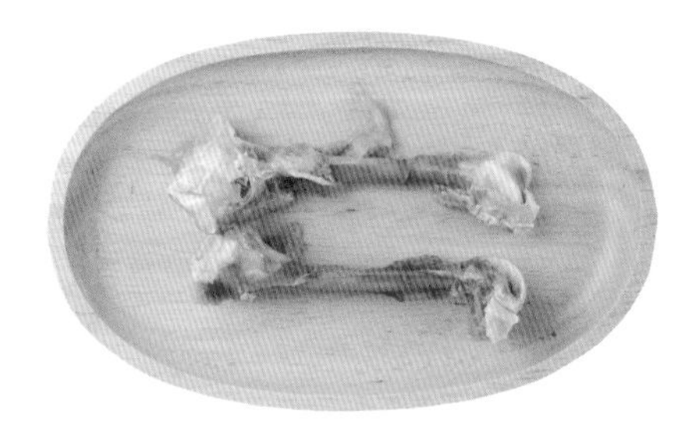

食材刀工

鸡腿切下鸡肉，脱骨。

鸡骨鲫鱼汤

时间 45分钟 热量 673千卡

●原料 鲫鱼600克，鸡腿骨30克，葱段、黑木耳、姜片各适量

●调料 盐、食用油、料酒各适量

●做法

1. 黑木耳温水泡发；鸡骨洗净切成小块。
2. 锅中注入适量清水，倒入鸡骨、姜片，淋入适量料酒，大火煮开，撇去浮沫。
3. 鲫鱼处理干净，倒入料酒浸泡10分钟。
4. 热锅注油，用姜片、葱段煸香，把鱼煎黄，倒入砂锅中，大火烧开转小火煮30分钟；倒入黑木耳煮开；加入盐调味即可。

薏米冬瓜鸡骨汤

时间 78分钟 热量 273千卡

●原料 薏米30克，冬瓜300克，鸡腿骨30克，生姜1块

●调料 盐适量，胡椒粉少许

●做法

1. 薏米提前浸泡2~3小时。
2. 冬瓜洗净去皮，切大块。
3. 另取锅加冷水，放入鸡骨、姜块、薏米。
4. 用大火将汤水煮沸，再改小火煮1小时。
5. 放入切块的冬瓜，续煮15分钟至冬瓜完全熟透。
6. 调入适量盐和胡椒粉即可。

前期食材准备

猪皮

猪皮中含有大量胶原蛋白质，能有效地改善机体生理功能和皮肤组织细胞的储水功能。

食材分量

50克（带皮五花肉1块）

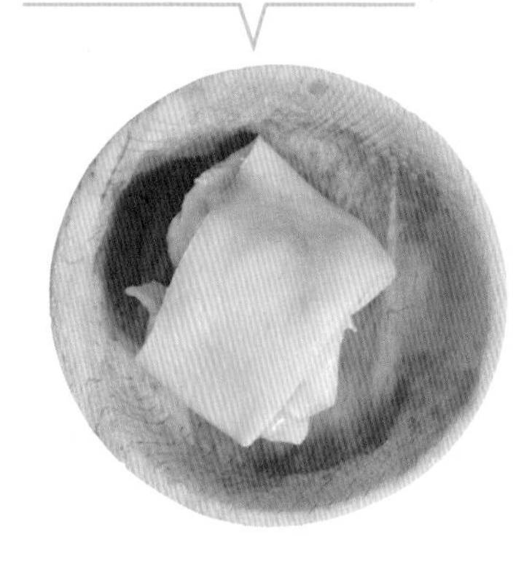

食材刀工

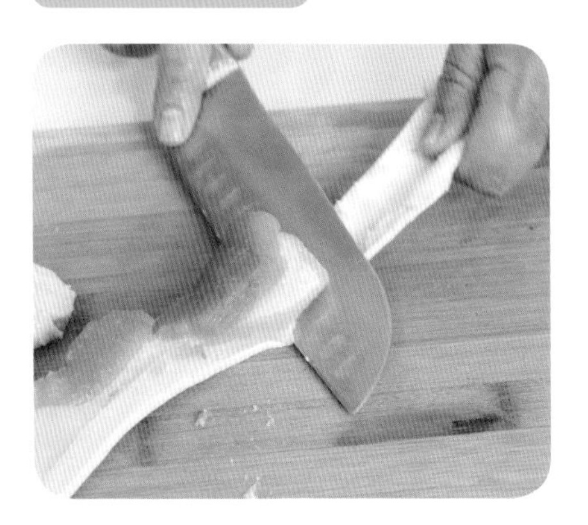

猪肉上切下猪皮。

水晶猪皮冻

时间 35分钟 热量 185千卡

●原料 猪皮50克，蒜泥少许

●调料 料酒、盐、生抽各少许

●做法

1 猪皮清洗干净，放入凉水锅中煮开后再续煮3分钟。

2 捞出，晾凉，将上面残存的肥肉去掉。

3 去肥肉的冷水锅放1勺料酒，倒入猪皮用大火煮开。

4 将煮好的猪皮趁热切成细丝。

5 将切丝的猪皮放入豆浆机，加入少许盐，注水至高水位。

6 用“五谷豆浆”或“营养米糊”的模式制作半小时。

7 打好的猪皮用滤网过滤，装入容器中，放入冰箱冷藏至凝固。

8 将凝固好的猪皮冻取出切块，浇上生抽，拌上蒜泥即可。

温馨小贴士

猪皮切丝越小越好，用豆浆机打的时候效率会比较高。

前期食材准备

虾壳

虾壳富含丰富的钙，而且还含有一种有益的物质——虾青素，不仅有很强的抗氧化作用，而且能够增强人体的免疫功能。

食材分量

25克（14只虾）

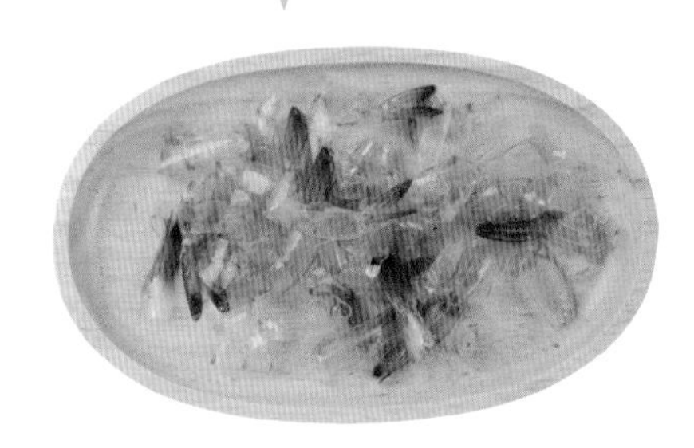

食材刀工

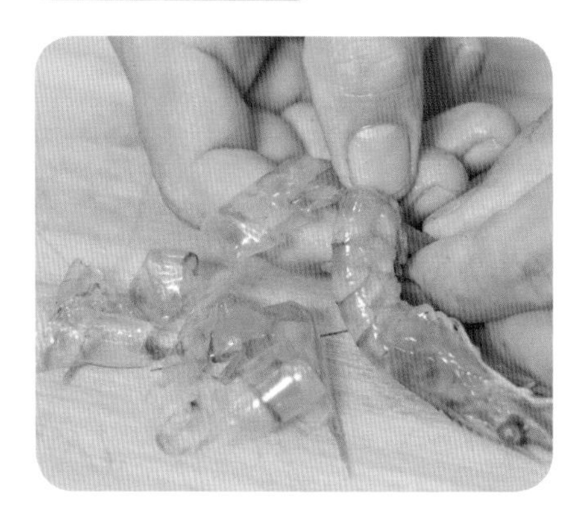

去掉虾头，剥壳。

椒盐虾壳

时间 4分钟 热量 32千卡

●原料 虾壳15克，姜片、葱段各适量

●调料 食用油、椒盐各适量

●做法

1 备好的虾壳洗净。

2 热好的炒锅倒入适量食用油。

3 加入葱段、姜片煸香，然后把葱段、姜片捞出。

4 下虾壳慢慢翻炒，先煸干水分，然后慢慢半煎炸至酥脆。

5 酥脆后，下小半勺椒盐，炒均匀即可关火。

虾壳蛋花汤

时间 4分钟 热量 37千卡

●原料 虾壳10克，鸡蛋1个

●调料 盐适量

●做法

1 备好的虾壳清洗干净。

2 鸡蛋打入碗中，用筷子搅散。

3 锅中注入适量清水烧开。

4 加入洗净的虾壳，略煮一会儿。

5 倒入搅好的鸡蛋液，不断搅拌。

6 调入适量盐进行调味即可。

前期食材准备

鲍鱼壳

鲍鱼壳是著名的药材，中医学上叫石决明，它可治疗眼疾，有明目的功效，又称“千里光”。

食材分量

30克（3个鲍鱼壳）

食材刀工

鲍鱼取肉，留下鲍鱼壳。

鲍鱼壳炖汤

时间 170分钟　热量 47千卡

● **原料**　带壳鲍鱼3个，金霍斛适量、西洋参适量

● **调料**　食用油、盐各适量

● **做法**

1. 鲍鱼放在流水下清洗。
2. 用刷子认真地清洗鲍鱼壳上的泥土和杂质。
3. 锅中注入适量清水，大约七分满。
4. 鲍鱼壳放进锅中，用大火煮10分钟至沸。
5. 水开后，转小火焖煮40分钟。
6. 关火，沥掉鲍鱼壳。
7. 锅中倒入金霍斛、西洋参和鲍鱼肉。
8. 加入适量食用油和盐，慢火炖2小时即可。

温馨小贴士

把鲍鱼壳打碎之后再料理，可以让营养更好地渗透到汤里。